蜜蜂养殖实用技术

第二版

李继莲　郭　军　主编

化学工业出版社

·北京·

本书在第一版的基础上，结合作者团队多年蜜蜂养殖研究与实践积累，详细介绍了当前蜜蜂实用养殖技术及主要病害防治。立足实际养殖要求，本次修订新增了蜜源植物的调查方法、最新的免移虫产浆技术以及近五年与蜜蜂健康息息相关的肠道微生物的最新研究进展等内容，并新增补充了大量养蜂技术图片。通过阅读本书，读者可以全面了解和掌握蜜蜂的养殖技术，更好地关注蜜蜂健康，从而更好地开展蜂产品的生产。

　　本书图文并茂，实用性较强，可供养蜂人员、养蜂科技工作者及农业院校相关专业师生或者养蜂爱好者阅读参考。

图书在版编目（CIP）数据

　　蜜蜂养殖实用技术/李继莲，郭军主编．—2版．
—北京：化学工业出版社，2018.4（2024.5重印）
　　ISBN 978-7-122-31712-4

　　Ⅰ．①蜜…　Ⅱ．①李…　②郭…　Ⅲ．①蜜蜂饲养-饲养管理　Ⅳ．①S894

　　中国版本图书馆CIP数据核字（2018）第047427号

责任编辑：刘　军　冉海滢　　　　　　　　装帧设计：关　飞
责任校对：宋　玮

出版发行：化学工业出版社（北京市东城区青年湖南街13号　邮政编码100011）
印　　装：北京缤索印刷有限公司
880mm×1230mm　1/32　印张6¾　字数202千字　2024年5月北京第2版第7次印刷

购书咨询：010-64518888　　　　　　　　售后服务：010-64518899
网　　址：http://www.cip.com.cn
凡购买本书，如有缺损质量问题，本社销售中心负责调换。

定　　价：28.00元　　　　　　　　　　　　版权所有　违者必究

本书编写人员

主　　编　李继莲　郭　军

编写人员（按姓名汉语拼音排序）：

董志祥　龚　薇　郭　军　李还原　李继莲

李　凯　苗春辉　唐裕杰　王刘豪　徐龙龙

前言

　　蜜蜂是重要的经济昆虫，不仅可以为农作物授粉，提高农作物的产量和改善农产品的品质，而且可以生产蜂蜜、蜂王浆、蜂毒、蜂胶、蜂花粉、蜂蜡等蜂产品，作为人类的食品及营养保健品。

　　养蜂技术是授粉应用和生产蜂产品的基础，蜂群的饲养水平直接关系到授粉的效果和蜂产品的产量。

　　本书总结了养蜂一线的几位高级养蜂技术员十多年的养蜂经验，并结合国外养蜂的一些技术经验，对蜂群饲养的整个过程及需要注意的事项进行了系统整理，同时介绍了一些最新的养蜂技术和养蜂工具。适合养蜂人员、养蜂科技工作者及农业院校相关专业师生阅读参考，特别是为养蜂爱好者提供指导。本书编写中大部分图片由编者团队拍摄，还有一部分图片由国内一些蜂业企业和校友等友情提供，他们是：云南大关县甜蜜蜜农业开发有限公司，蜂学硕士、职业养蜂人游信毅，北京密云区园林绿化局蜂产业科罗其花博士，湖北扬子江蜂业有限公司的李明星，国家蜂产业技术体系兴城综合试验站站长袁春颖。在此一并表示感谢！

　　由于时间仓促，书中疏漏与不当之处在所难免，恳请读者批评指正。

编者

2018年2月于北京香山

第一版前言

　　蜜蜂是重要的经济昆虫，不仅可以为农作物授粉，提高农作物的产量和改善农产品的品质，而且可以生产蜂蜜、蜂王浆、蜂毒、蜂胶、蜂花粉、蜂蜡等蜂产品，以作为人类的食品及营养保健品。

　　养蜂技术是授粉应用和生产蜂产品的基础，蜂群的饲养水平直接关系到授粉的效果和蜂产品的产量。

　　因此，我们在多年蜜蜂养殖研究与实践的基础上，参考、总结当前最新的养蜂经验与技术，并结合国外养蜂员的一些技术经验，对蜂群饲养的整个过程及需要注意的事项进行了系统整理。本书非常适合养蜂人员、养蜂科技工作者及农业院校相关专业师生阅读参考，特别是对养蜂爱好者提供指导。

　　由于编者水平有限，加之时间仓促，书中疏漏与不当之处在所难免，恳请广大读者批评指正。

编者

2013 年 11 月

目录

第一章　养蜂前的准备工作　001

第二章　蜂群的春季管理　030

第三章　蜂群的夏季管理 055

第四章　蜂群的秋季管理 062

第五章　蜂群的冬季管理 　**071**

第六章　中蜂活框饲养技术 　**081**

第七章　流蜜期蜂群的生产管理　103

第八章　产浆期的蜂群管理　　**127**

第九章 蜜蜂常见病虫害的防治 **134**

第十章　蜜蜂肠道微生物 **180**

第一章　养蜂前的准备工作

第一节　蜜粉源植物的种类及调查方法

　　具有蜜腺且能分泌甜液并被蜜蜂采集酿造成蜂蜜的植物称为蜜源植物，在养蜂生产中能采得大量商品蜜的蜜源植物称为主要蜜源植物，不能采得大量商品蜜但是可用以维持蜂群生活和蜂群繁殖的蜜源植物称为辅助蜜源植物。蜜源植物是发展养蜂生产的物质基础，蜜源场地的选择是养蜂成败的关键，蜜源情况的好坏直接决定着蜂场的收益。

　　粉源植物是指能产生较多的花粉，并为蜜蜂采集利用的植物。花粉是蜜蜂调制蜂粮的主要原料和蜜蜂生长发育所需的蛋白质、脂肪、维生素、矿质元素等的主要来源，是生产蜂花粉和蜂王浆的物质基础，如玉米、高粱、松等是粉源植物。有些植物产生的花粉很少，没有可供蜜蜂采集利用的花粉；有些植物的花粉有特殊气味，蜜蜂不采集利用。这些植物不能称为粉源植物。

　　蜜粉源植物是指既有花蜜又有花粉供蜜蜂采集利用的植物。蜜粉源植物中，有些是蜜多粉多，如油菜等；有些是蜜多粉少，如荔枝、枣、刺槐等；有些是粉多蜜少，如蚕豆、紫穗槐等。在养蜂生产中，广义上常把蜜源植物和蜜粉源植物甚至粉源植物，统称为蜜源植物。有少数植物的花蜜或花粉有毒，被称为有毒蜜源植物。

　　我国的蜜源植物种类繁多，它们的生长、发育、开花、泌蜜等各有特点，差异很大。我国大宗主要蜜源种类并不多，主要是油菜（图1-1、

图1-2）、洋槐（图1-3）、荆条（图1-4）、椴树（图1-5）等；有些蜜源植物是局部地区的主要蜜源，能获得商品蜜，如云南等地的苕子（图1-6）、野坝子（图1-7）、苦刺花（图1-8），广东、福建、四川等地的荔枝、龙眼、枇杷等，北方的向日葵（图1-9）等；此外，分布广泛的辅助蜜、粉源植物及零星蜜源，为蜂群发展提供了大量的食物来源，也为蜂群繁殖提供了保障，如三叶草（图1-10）、水石榕（图1-11）。丰富的蜜源植物是发展养蜂业的重要基础，蜜源植物的种类、数量及分布等基础研究是制订养蜂生产规划的重要依据。在开始养蜂或养蜂选址前开展该地区蜜源植物调查，是养好蜜蜂的基础。

图1-1　盛花期的油菜蜜源

图1-2　采集油菜的中蜂

图1-3　洋槐

图1-4 荆条

图1-5 椴树

图1-6 苕子

图1-7 野坝子

图1-8 苦刺花

图1-9 向日葵

图1-10 三叶草

图1-11 水石榕

1. 蜜源植物调查方法

（1）**蜜源植物种类、数量的确定**　蜜源植物的种类和数量是蜜源调查的重点，一般主要蜜源是调查的重要对象，应详细记载主要蜜源的相关信息，同时，也不能忽视辅助蜜源的调查。在新蜜源流蜜之前，进行蜜源植物调查，可以及时调整蜂群的发展计划，安排适龄采集蜂的培育时间，同时明确放蜂场地的最大载蜂量，这对蜂产品的丰收会起到很大的作用。蜜源调查以野外调查为主，通过对当地蜂农的调查走访，大致确定主要蜜源及辅助蜜源植物，询问这些蜜粉源植物在一年中的大致泌蜜时间，以便提前安排调查时间，确定调查路线。

也可按季节的不同进行野外调查，选择有代表性的山脉为主线，自低海拔至高海拔进行较大规模的考察，并根据植被、地形、气候等生态条件，选择有代表性的区域进行调查。以蜜蜂或其他昆虫采集花蜜或花粉的植物为观察对象，记录每种植物的采集地、中文名称、学名、生态-生活型、花的颜色、海拔高度、生境；调查过程中对每种蜜源植物的整株、叶、花等进行照相，并采集和压制植物标本，记录主要形态特征。各种植物的花蜜及花粉数量，分别用符号表示，"+"表示量少，"++"表示量多，"+++"表示量较多。通过查阅《中国植物志》、地方植物志及访问植物分类学家等方式确定每种蜜源植物的名称。具体方法如下：

①**数据库搜索**　查阅文献数据库中蜜源资源相关文章。

②**同行介绍及各地养蜂协会帮助**　同行之间相互介绍，建立联系，为走访打好基础；另外，紧密联系当地养蜂协会，寻求大量一线养蜂工作者的联系，通过走访或电话咨询询问蜜源植物的具体状况。

③**实地考察**　通过实地考察与走访，并与当地蜂农和农技部门协调，对当地蜜粉源植物的分布情况进行实地考察。

④**电话咨询**　除实地调查外，在每月其他时间，还可根据预先留存的电话，及时联系当地蜂农或农技人员，进行电话咨询，详细地了解当地蜜源资源的实际情况，填补信息上的空白。

（2）**蜜源植物的鉴定方法**　蜜源植物名称的确定主要通过访问植物分类学者、咨询当地蜂农及农业部门、查阅《中国植物志》、地方植物志及通过网络论坛鉴定等方式。

（3）**蜜源植物调查常用工具及技术路线**　蜜源植物调查通常需要以下几样工具：地质罗盘仪（用以测定方位、地形、坡度及坡向等）、望远镜（用以观察难以到达部位的蜜源植物及高大乔木、树冠）、放大镜（观测植物体各部位的形态结构）、GPS定位仪（测定调查地点和植物分布的海拔高度）、相机（随时随地拍摄蜜源植物形态特征、分布状况、蜜蜂采集利用情况等）、标本夹（用于及时采集蜜源植物标本）以及其他器材（标本吸水纸、枝剪、采集记录本、调查表格、号牌、铅笔及样绳等），技术路线见图1-12。

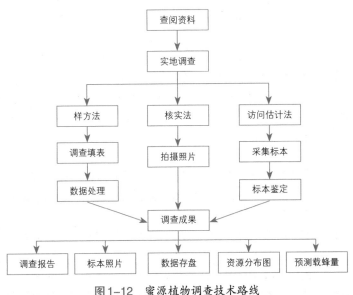

图1-12　蜜源植物调查技术路线

2. 蜜源植物分布面积获取方法

（1）**大宗栽培蜜源植物面积获取方法**　对主要蜜源来说，如果是栽培作物，则通过访问各地统计局、各区县农技服务中心直接获取栽培面积数据。在深入一线调查的同时，前往调查所在地的乡（镇）农技服务中心，咨询当地的主要栽培蜜源植物的面积数据，再将各乡（镇）的面积数据相加，得到调查区域的蜜源植物总面积。

（2）大宗野生蜜源植物面积获取方法

①**样方设置**　根据《全国植物物种资源调查技术规定》及有关文献方法，对于野生主要蜜源植物分布面积的获取，主要采用调查访问和实地考查相结合的方法，在初步掌握目标调查物种分布点的基础上，实地对目标物种的分布范围、群落类型生境及密度等进行进一步的调查。按照典型抽样调查法的原理和方法在各种群落中选择具有代表性的地段设置主样方和副样方，调查目标物种的种群密度。在主样方四个角的对角线方向距主样方5米处各设一个副样方，主、副样方面积均为5米×5米。

②**统计方法**　根据目标物种出现的样方数（n）及调查的主副样方总数（N_1+N_2）求出目标物种的出现度（F）：

$$F=n/(N_1+N_2)$$

根据目标物种群落中的总丛数（A）及群落或生境面积（S_i）求出其分布密度（X）：$X=A/S_i$

在实地于1∶50000地形图上勾绘出目标物种的分布范围，在室内用积球仪求出群落或生境类型的面积（S）。据此估算出不同群落或生境的目标物种的分布总量（W）：

$$W=F \cdot X \cdot S$$

（3）**零星蜜源植物面积**　零星蜜源因为分布零散，面积较小，很难形成商品蜜，目前国内外也没有成熟的方法进行测定，所以一般不测定其面积，只统计其名称及开花期等内容。

在具体工作过程中，应在该地区原有的工作基础上确定调查的具体内容，主要包括以下几方面：

①**蜜源植物的种类**　查明蜂群欲放置地区有哪些主要蜜源植物和辅助蜜源植物。主要蜜源植物与辅助蜜源植物在养蜂生产中都很重要。生产中以取蜜为主的蜂场，需要多利用辅助蜜粉源植物繁殖培育适龄采集蜂，以保证在主要蜜源植物泌蜜时取得大宗商品蜜；以取蜂王浆为主的蜂场，场地附近具有连续不断的辅助蜜粉源，比短期的主要蜜源更为重要。

②**蜜源植物在该地区一年四季的分配情况和面积**　可通过当地农、林、牧业管理部门、乡政府或农户等调查当地栽培蜜源植物的种植面积、耕作习惯、分布情况、除草剂和农药的应用等信息。

蜜蜂的采集活动范围一般在离蜂巢5千米半径内，不同蜜源植物供蜜蜂采集利用的面积有所差异，如四五亩（1亩≈666.67米²）生长良好的油菜、苕子、荞麦等可供一个蜜蜂强群采集，而一两亩刺槐就可放一群蜂。

各种植物所生产的蜂蜜、王浆、花粉的质量有所差别。应选择具有流蜜好、数量多、产品质量高的蜜源种类的地点，切勿选择施用农药的农田蜜源，避免出现蜜蜂中毒死亡和蜂产品农药残留。

③蜜源植物的长势和泌蜜情况　蜜源植物的长势直接影响泌蜜，草本植物长势差的开花早、流蜜少；长势好的开花迟，流蜜好，木本植物壮年期流蜜量大。还应查明该地区蜜源植物是否年年稳产，有无大小年，绿肥作物是否留种等信息。

④当地蜜源的花期、蜂群密度情况　应了解当地蜜源植物的初花期、盛花期和谢花期，以确定进入和撤出场地的时间。调查放蜂场地周围是否有其他蜂场、蜂群数多少，如果蜂群密度太大，即使蜜源很好也难以获得较好的效益。

第二节　养蜂场址的选择

蜂场场地选择直接影响养蜂的成败，确定养蜂场地时要兼顾蜂群发展、蜂产品生产以及养蜂人员的日常生活条件。选择一个理想的养蜂场地可以从以下几方面的条件进行考虑：

1. 蜜粉源情况

在养蜂场地周围5千米半径范围内，全年有1~2个比较稳定的主要蜜源，以保证蜂产品的生产和蜂场的稳定收入，还应具有多种花期交错的辅助蜜粉源，以维持蜂群的生存和发展，为繁殖适龄采集蜂和恢复蜜蜂群势提供条件，降低养蜂成本，确保无有毒蜜粉源，以防造成蜜蜂中毒和蜂产品污染。

在选择转地蜂场放蜂时应力求繁殖场地和采蜜场地的蜜源植物开花时间相衔接。

放蜂场地与周围的蜂场应当保持一定的距离，蜂群密度过大会影响蜜蜂对蜜粉源的有效利用，降低蜂产品产量，减少养蜂生产效益，还容易造成蜂场之间的疾病传播、盗蜂等问题，不利于蜂群的日常管理。一般的蜜源条件以每隔2~3千米放置60~100群蜂为宜。

2. 适宜的小气候

蜂场所在地应具有相对稳定、适宜的小气候，蜂群适宜放置在背风向阳、地势较高的地方，巢门前面空间开阔。山区的蜂场蜂群可放置在蜜源所在区的南坡下，而平原地区的蜂场蜂群宜安放在蜜源的中心位置。在早春，应保证场地向阳、避风、干燥，夏季具有较好的遮阴条件，避免遭受烈日暴晒，避免在风口放置蜂群。

蜂场周围应具备洁净水源，水源充足，水质要好，以满足养蜂人员的日常用水以及蜜蜂的采水需求，但应避免蜂场设在水库、湖泊、河流等大面积水域附近。防治周围的有毒或被污染的水源，避免引起蜜蜂患病、中毒。

蜂场周围环境应安静，远离化工厂、糖厂、铁路和高压线等设施，受污染的地方（包括污染源的下风向）不得作为放蜂场地。

3. 基础设施和交通条件

蜂场须建有相应的生活用房、生产车间和仓库等，保证蜂产品生产的卫生条件和存储条件。

养蜂人员的日常生活、蜂群的搬运、蜂机具的购买以及蜂产品的运输和销售等都需要有比较便捷的交通条件。因此，蜂场应设在车、船能到达的地方，以方便蜂产品、蜂群等的运输，便于养蜂人员购买生活用品。但应避免设在公路旁边，以避免噪声等污染。

4. 确保人、蜂安全

建立养蜂场要确保不会威胁人畜安全，可把蜂群放置在距离宅居地50米以上的地方，与周围的房屋分离。还应摸清周围危害人、蜜蜂安全的敌害情况，了解周围蜜源植物开花期间的农药使用情况，采取必要的防护措施。

第三节 蜂箱排列的种类和方法

　　蜂群的排列应根据蜂场的面积、蜂群的数量、饲养蜂种的类型和养蜂季节合理进行安排，以方便管理、方便蜜蜂认巢、流蜜期利于生产、外界蜜源较少或无蜜源时不易引起盗蜂为原则，尽量整齐、美观。巢门朝向南面或东南为宜。

　　蜂群依照地形放置，相邻两个蜂箱之间的距离可以稍近一些，前后排蜂箱之间要远一点。放置蜂群要前低后高，蜂箱下部可用支架或砖块垫起15～25厘米高，使蜂箱脱离地面，以保持箱体干爽通风、防潮、防蚂蚁等害虫的危害。

1. 分散摆放

　　中蜂的认巢能力差，容易迷巢，所以饲养中蜂时可按照蜂场地形分散排列蜂群，使蜂箱间距加大、位置高低不同（图1-13、图1-14）。蜂箱散放比较适合于家庭小规模养蜂以及交尾群的排列。排列交尾群时还应注意摆放在蜂场周围的僻静处，保持蜂箱前面空间开阔，标志物明显。

图1-13　中蜂蜂场的错落排列　　图1-14　根据地形错落排列的中蜂蜂场

2. 分组排列

饲养意蜂等西方蜜蜂的蜂场，蜂箱排列可相对紧凑一些，如采用单箱排列、双箱并列（图1-15）、环形排列等。蜂箱之间的间距以能放下继箱和养蜂工具为宜，但前后排之间的距离应适当拉长，前后排的蜂箱交错放置。我国养蜂者多采用单箱排列和双箱并列的方式，单箱排列方式适合于蜂群数量较少而场地空间较大的蜂场，蜂箱之间相隔1~2米的距离，采用单箱多列摆放的蜂群，各排之间相距2~3米。双箱排列适用于规模大、蜂群数量多的蜂场，每两个蜂箱并列靠在一起形成一组，相邻各组之间间距1~2米，前后两排蜂箱之间的间距维持在2~3米。对于山区饲养的中蜂，如果养蜂场地地形高低错落，则也可以借助地形进行分组排列（图1-16），如果没有高低错落的地形，最好不要分组平行排列。

图1-15 西方蜜蜂蜂场

图1-16 分组平行排列的中蜂蜂场

不少养蜂者把蜂箱排成一直排，这种排列尽管整齐美观，但却容易使蜜蜂迷巢，蜜蜂无法回到原群，造成蜂群的偏集。如果将蜂箱摆成一直排，蜜蜂往往会偏集到两端的蜂箱中；如果蜂群分几排放置，则蜜蜂容易偏集到最前面的一排蜂箱中。为避免蜜蜂迷巢，可采取不规则形式放置蜂群，使巢门朝向不同方向，把蜂箱涂成不同颜色，在蜂场留出一些灌木、树丛等作为标记。

第四节　蜂群的选购及注意事项

刚建立蜂场以及想快速扩大蜂场规模时需要购买蜂群。选购蜂群时应根据自身的养蜂需求、当地的蜜源情况以及气候条件，从正规单位或熟悉的高产无病蜂场购买蜂群。

1. 购买时间

如果打算购买的蜂群当年即投入生产，北方地区适合在早春蜂群排泄之后购买，此时气温开始回升并趋于稳定，南方地区也应在蜂群春繁前后购买为宜。购买蜂群后即可开始进行繁殖，这样有利于全面掌握蜜蜂饲养技术并在流蜜期前发展为强群，参加生产。

一般不宜在南方越夏前或北方越冬前的秋季花期结束之后购买蜂群；如需要在此时购买蜂群，则购买的蜂群必须群强蜜足。

2. 蜂种的选择

目前我国饲养的蜂群数达910万群，其中三分之二为西方蜜蜂。我国养蜂生产中使用的蜂种主要包括意大利蜂（图1-17）、中华蜜蜂（简称中蜂，图1-18）、卡尼鄂拉蜂、高加索蜂、东北黑蜂、浙江浆蜂以及各科研单位推广应用的多个杂交种蜜蜂。由于转地放蜂方式的流行以及蜂王随机交尾的生物学特性，目前我国的绝大多数生产蜂场所用的蜂种均已杂交化。

中蜂（图1-19）是我国的本地蜂种，行动敏捷，善于利用零星蜜粉源，分泌王浆的能力弱，抗螨性强，特别适合无集中大蜜源的丘陵、山区饲养。

图1-17　意大利蜂

图1-18　中华蜜蜂　　　　　　　　　图1-19　中蜂巢门

意大利蜂是蜂蜜、王浆兼产型蜂种，适合我国大部分地区饲养，尤其适合以生产蜂蜜为主、生产王浆为辅的华北地区以及东北部分地区的蜂场饲养。意大利蜂产育力强，分蜂性弱，容易养成强群，但饲料消耗大，对大宗蜜源的采集力强，利用零星蜜粉源的能力较差。意大利蜂盗性强，越冬期饲料消耗大，在纬度较高的严寒地区越冬比较困难。

卡尼鄂拉蜂（简称"卡蜂"，图1-20）是蜂蜜高产型蜂种，适合我国冬季严寒漫长、春季短而花期早、夏季炎热的北方地区饲养。卡尼鄂拉蜂产育力不太强，分蜂性强，不易维持强群，但采集力很好，善于利用零星蜜粉源，节约饲料，盗性弱，越冬能力强，性情温驯。

高加索蜂（图1-21）是蜂蜜高产型蜂种，适合于冬季不太寒冷、夏季较热的地区饲养。高加索蜂的产育力强，分蜂性弱，易维持强群，性情温驯，盗性强，采集树胶的能力强于其他蜂种，是进行蜂胶生产的首选蜂种。

东北黑蜂（图1-22）主要分布在我国黑龙江饶河县，是蜂蜜高产型蜂种。东北黑蜂在早春繁殖速度较快，分蜂性弱，可维持强群，抗寒性能好，性情温驯，盗性弱。

浙江浆蜂是王浆高产型蜜蜂，原产地在浙江嘉兴、平湖和萧山一带。浙江浆蜂分蜂性较弱，性情温驯，可维持强群，对大宗蜜源及零星蜜粉源的利用能力较强，比较耐热，但饲料消耗多，易感染白垩病。

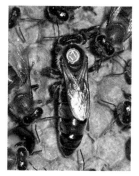

图1-20 卡蜂蜂王　　　图1-21 高加索蜂蜂王　　　图1-22 东北黑蜂蜂王

3. 挑选蜂群的注意事项

在晴暖的天气到出售蜂群的场地挑选蜂群，首先在箱外观察，确定蜜蜂飞行、采集正常，无爬蜂现象。初步判断后，开箱检查。

（1）**蜂王** 是否有伤残，蜂王应腹长健壮，行动稳健，产卵整齐。

（2）**子脾** 封盖子脾应整齐，无花子现象（图1-23），幼虫发育饱满、色泽正常，无幼虫病。

（3）**蜜蜂** 查看蜜蜂采集是否积极、携带蜂螨情况、青幼年蜂数量、性情是否温驯、蜜蜂体色是否正常。

（4）**巢脾与蜂箱** 检查巢脾是否平整、是否过旧、雄蜂房是否太多、蜂箱是否结实、巢脾和蜂箱是否匹配。

（5）**群势** 选购蜂群的季节和目的不同，对群势的要求也不同。在春季购买蜜蜂以备采集夏季蜜源时，群势应在4框蜂以上，以保证在流蜜期前繁殖为强群。接近流蜜期购买蜜蜂时，应选择10框蜂以上且包含8张以上子脾的蜂群。

（6）**饲料** 检查箱内饲料是否充足。

4. 定价付款

蜜蜂以群为单位进行购买，蜂群内蜜蜂、子脾、蜂蜜的数量以及蜂箱的质量是决定蜂群价格的主要因素。

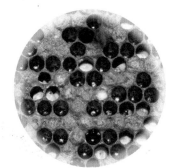

图1-23 花子现象

第五节　蜂群的检查方法

为及时了解蜂群内部状态，对养蜂生产进行日常规划，必须经常进行蜂群检查。开箱检查会干扰蜂群的正常活动，在蜂群管理过程中应根据具体的季节和需求，有计划、有目的地进行箱外观察、局部检查和全面检查，操作前应明确蜂群检查的目的，以尽量缩短检查时间，提高工作效率。

1．准备工作

准备好所需的工具：起刮刀、蜂帽、蜂刷、记录本，蜜蜂比较暴躁时还需喷烟器或小型喷雾器，蜂群繁殖扩大蜂巢时需要预备巢脾、巢础。此外，还需准备一些王笼、隔板、饲喂器、隔王栅等放在附近以备急用。

2．检查蜂群

（1）**箱外观察**　通过箱外观察可了解全场蜂群的大概情况，发现蜂群内的一些问题。

观察巢门附近的蜜蜂活动情况：外界有蜜粉源时，蜜蜂采粉较多（图1-24）说明蜂王健在、蜂群繁殖积极；采集蜂在箱前地上翻滚抽搐、出现大量死蜂说明可能发生了中毒；相对其他强群出去采集的蜜蜂数量较少，巢门前形成"蜂胡子"，是蜂群有分蜂热的征兆；工蜂拖出蜂蛹、幼虫，说明巢内严重缺蜜或缺粉；巢门前不断爬出翅膀残缺、发育畸形的幼蜂，预示蜂群内部蜂螨危害严重。

图1-24　采粉归巢的蜜蜂

（2）**开箱检查**　穿浅色衣服，带上蜂帽，点燃喷烟器或准备好小型喷雾器，保证手上和身上无特殊气味，从蜂箱侧面或后面走到蜂群旁边，取下箱盖倒放在箱后地面或相邻蜂箱上，拿掉覆布，用起刮刀轻轻撬动纱盖，取下反放在巢门前，如果蜜蜂比较暴躁，可向巢内喷少量烟或水。

①全面检查　对蜂巢内的所有巢脾进行逐个检查，全面了解蜂群情况，查看蜂、卵、幼虫、蛹、蜜、粉、疾病以及王台等，综合评估蜂群状况。全面检查工作量较大，所需时间较长，不宜经常进行。一般在越冬前、越冬后、分蜂期、主要蜜源花期的开始和结束时进行。秋季外界无蜜源时易发生盗蜂，应尽量避免进行全面检查。繁殖季节每月可进行全面检查2~3次，并及时做好检查记录。

②局部检查　为解决一个问题或实行一项措施时不必查看所有巢脾，只需抽出部分巢脾进行快速处理，特别是在外界气温较低、蜜粉源缺乏而蜂群容易发生盗蜂，不宜长时间开箱时。为了解以下情况适合采取局部检查。

a. 是否加脾　隔板外挂蜂要考虑加脾扩巢、巢内出现赘脾应该加巢础造新脾；

b. 蜂王情况　在育虫区中间提脾，若在巢脾上看到卵和小幼虫，说明蜂王存在；

c. 贮蜜情况　提出边脾，如果含有较多的蜂蜜或封盖蜜，说明巢内储蜜充足；

d. 蜜蜂病害情况　从育虫区提脾检查，若有花子现象，幼虫出现干瘪、变色，说明蜂群患有幼虫病；观察脾面、封盖子内以及蜜蜂身体上是否有蜂螨爬行，判断蜂螨危害情况。

开箱检查（图1-25）应在风和日暖的天气进行，检查蜂群时，动作要轻缓，提出巢脾前先用起刮刀轻轻撬动框耳，使巢脾之间不粘连。操作时注意不要挤压蜜蜂，对出现的问题要及时处理并做好记录，以利于今后归纳总结。

图1-25　开箱检查

第六节　合并蜂群的方法

为防止和避免蜂群发展强弱不均，防止和消除分蜂热，组织强群采集，解决蜂群失王问题等都需对蜂群进行调整，主要涉及到蜂群合并问题。

（1）**合并蜂群的原则**　弱群并入强群，无王群并入有王群，就近蜂群合并。合并有王群时，要在操作前一天彻底除去被合并群的蜂王和王台。合并蜂群宜在傍晚进行。

（2）**合并蜂群的方法**　有直接合并法和间接合并法两种。

①**直接合并法**　把无王群的巢脾带蜂放在有王群的隔板外侧，1～2天后，去掉中间的隔板，把巢脾靠在一起，在早春繁殖及大流蜜期适于采用此法。

②**间接合并法**　傍晚在有王群巢箱上加上一个纱盖或铺上扎有小孔的报纸，然后放上继箱，把被合并群的巢脾带蜂放入继箱内，1～2天后两群气味混合后进行调整即可。

第七节　蜂群的转地方法

蜜蜂记忆蜂巢的能力较强，移动蜂群时应注意采取措施使蜜蜂能很快识别移动后的新地点。移动蜂群在夜晚或清晨进行，注意移搬轻放。

（1）**近距离迁移蜂群**　在本蜂场进行的短距离迁移蜂群，确保每次的移动距离不要超过1米，蜂群成组移动可帮助蜜蜂正确回巢。也可以先把蜂群转移到5千米以外的地方放置3～4周后再转移到将要移至的新地点，同时在原址放一个含有巢脾的空箱收集返回的蜜蜂。在蜂场中发现个别蜂群感染疾病，如蜜蜂囊状幼虫病、白垩病或细菌病等疾病时，为防止这些疾病在蜂场内互相传播，应将蜂群近距离迁移至5千米外没有蜂群饲养的地区以避免损失。

（2）**远距离迁移蜂群**　转移前把蜂箱外各部分的缝隙堵严，以免蜜蜂在运输过程中飞出，把隔板和巢脾固定好，转运前一天晚上关闭巢门。运输距离稍近时可用纱网安装在巢门口，以防蜜蜂聚集在巢门附近，影响通风。如果运输距离较远而运输空间较封闭或天气较热，可把纱盖钉在蜂箱上，确保蜂箱上部的空气流通。

第八节　分蜂群的收捕及预防

1．分蜂的原因

分蜂是蜜蜂群体繁殖的天性，通常由多个因素引起，如蜂王较老，分泌的蜂王物质减少；蜂群群势增强；蜜粉源丰富；蜂种的特性。分蜂的趋势通常在流蜜期前蜂群快速繁殖的时候最强烈，一般发生在上午10时至下午2时。

分蜂过程开始于蜂群中出现王台，蜂王在王台中产卵。分蜂王台即将成熟时，蜂群分蜂。一半或一半以上的工蜂及雄蜂停止采集，吸足蜂蜜，和蜂王离开原群。蜜蜂涌出蜂群，首先停留在较近的地方，形成分蜂团，侦察蜂飞出寻找适合的新巢地点，然后引导分蜂团迁移到新地点。原群中，处女王出房，咬破其他王台，数日后出巢进行交配，然后产卵。有时羽化的第一个处女王并不咬破其他王台，而是带领一部分蜜蜂离开蜂群进行第二次分蜂。

2．分蜂团的收捕

（1）分蜂初期进行收捕　当大量蜜蜂涌出巢门在蜂巢附近上空飞行时，注意在巢门前观察，看到蜂王后，将其暂时装进王笼；将原群挪开并在原群的位置放一个空蜂箱，从其他蜂群调入一张带有蜜的虫脾，把囚王笼放入该空蜂箱中，涌出的蜜蜂在蜂王的吸引下会返回蜂群，根据蜂数的多少进行巢脾调整。

（2）分蜂团的收捕　如果蜂王已经随工蜂飞出，就需等待蜜蜂结团之后进行收捕。分蜂群结团于矮树丛、树枝上或其他可以接近的地点时（图1-26），可以在分蜂群下面放一个装有巢脾的蜂箱，把全部蜜蜂抖进蜂箱，注意蜂王确已和蜜蜂一起进入蜂箱。蜜蜂全部进箱后，立刻把蜂

图1-26　刚结团的分蜂群

箱放到准备放置它的地点。通常分蜂群愿意在高大不易接近的大树上结团，收捕时可把轻便的箱子绑在坚实的杆子上，举到分蜂团下面，摇动蜜蜂结团的树枝，使它们落到箱内。也可以把一个装有巢脾的交尾箱或巢脾举到分蜂群下面，让蜜蜂爬到巢脾上。

在收回分蜂群的蜂巢内补充2～3张子脾，并加入巢础和空脾作为一个新群管理，仔细检查原群，留下一个成熟王台或新羽化的蜂王。

3. 分蜂的预防和控制

分蜂会使蜂群变小，降低蜂群的采蜜量，在日常管理中应针对性地采取预防措施，防止发生分蜂。

（1）饲养良种　选择分蜂性弱，能维持强群的蜂种进行饲养。

（2）良好的饲养管理措施　蜂群进入繁殖期后，要及时扩大蜂巢，增加继箱，以充分发挥蜂王的产卵力和工蜂的哺育力；及时加入巢础造脾，及早进行王浆生产，让过剩的幼蜂参加造脾和泌浆等活动；适当进行蜂群调整，调换卵虫脾，把哺育能力过剩的蜂群中的幼蜂调到弱群中；注意给蜂群遮阳通风等，设置便利的采水地点；使强群和弱群交换位置，弱群得到强群的外勤力量而加强，强群的力量转到弱群而降低分蜂情绪；在分蜂季节，每隔5～7天检查蜂群一次，清除出现的王台。

第九节　盗蜂及其处理及预防

盗蜂是指一群蜜蜂把另一群蜜蜂贮存的蜂蜜采回到自己蜂巢里的行为。作盗的蜜蜂多为绒毛脱落、腹部光亮的老蜂。

1．发生盗蜂的原因

根本原因是外界蜜粉源缺乏，此外，蜂场内蜂群群势相差悬殊、不同种蜜蜂同场饲养、蜂群内饲料储备不足、管理不善等也易引发盗蜂。

盗蜂的危害：一旦发生盗蜂，轻者受害群的生活秩序被打乱，蜜蜂变得凶暴；重者受害群的蜂蜜被掠夺一空，工蜂大量伤亡；更严重者，被盗群的蜂王被围杀或举群弃巢飞逃，若各群互盗，全场则有覆灭的危险。另外，作盗群和被盗群的工蜂都有早衰现象，给以后的繁殖等工作造成影响。

2．盗蜂的识别

在非流蜜期，作盗群巢门前蜜蜂飞行忙碌，进巢的蜜蜂腹部大，出巢的蜜蜂腹部小。被盗群巢门前一片混乱，工蜂相互撕咬、进巢的工蜂腹部小而出巢的蜜蜂腹部大，行动慌张。被盗群多为弱群、无王群、刚补喂过蜜糖饲料的蜂群。

3．盗蜂的预防

（1）选择盗性弱、防卫能力强的蜂种。

（2）饲养强群，保持巢内饲料充足。外界蜜粉源缺乏时及时调整无王群和弱群。

（3）外界缺乏蜜粉源时缩小巢门，白天尽量少开箱检查，饲喂蜂群在傍晚或早晨进行，不要把糖浆洒落在箱外。

（4）及时修补好蜂箱的缝隙，不要在蜂场随意乱放巢脾，在室内进行取蜜操作，及时洗净摇蜜机和相关工具。

4．制止盗蜂

蜂群刚开始起盗时，可以缩小巢门，在被盗群巢门前放上树枝或草进行遮挡。如果盗蜂严重，可把被盗群搬到距离原场2～3千米的地方，放置一段时间待蜂群恢复正常后再搬回原场。

第十节　蜂蜇的预防和处理方法

1．养蜂管理

管理蜂群时戴好蜂帽及防蜇手套，穿白色或浅色衣服，将袖口、裤口扎紧，保证手上和身上无刺激气味，避免在天气不好时检查蜂群，操作时站在蜂箱侧面，使用喷烟或喷水的方法让蜜蜂安静，注意动作要轻、稳，轻拿轻放，不加压蜜蜂、不震动碰撞巢脾及蜂箱。

被蜜蜂追随时，不要用手乱拍乱打，若蜜蜂钻进衣袖或衣裤，及时将其捏死；若蜜蜂钻入头发，不要抚弄头发试图找到蜜蜂，而应及时将其压死。杀死蜜蜂后用水清洗相应部位，避免其他蜜蜂继续攻击。

2．设置标识

在蜂场周围设置栅栏或种植灌木等植物，在明显位置竖立警示牌，防止无关人员进入蜂场。

3．处理蜂蜇

被蜜蜂蜇后，要及时擦掉蜇刺，用肥皂水冲洗被蜇部位。如果被蜂群围攻，先要退回屋（棚）内或离开蜂场，等待围绕的蜜蜂散去。被蜇部位通常会出现红肿现象，一般 3～5 天后可自愈。对蜂毒过敏者，应及时送往医院救治。

第十一节　常用养蜂机具介绍

1．基本用具

（1）**蜂箱**　蜂箱的发明奠定了新法养蜂的基础，是人工饲养蜜蜂的最基本的用具之一，蜜蜂在蜂箱中进行抚育蜂子、贮存饲料等一切活动。蜂箱是蜜蜂避免外界环境干扰的屏障，由于需长期放置在露天环境中，经受风吹、雨淋、日晒，所以蜂箱需要用坚实、质轻、不易变形的木材制作而成，并且所用的木材要经过充分干燥。北方以红松、白松、椴木、桐木为佳，南方以杉木为宜。目前我国饲养西方蜜蜂使用最普遍的蜂箱是郎氏10框标准蜂箱和16框卧式蜂箱；而饲养中蜂的蜂场则使用各式中蜂蜂箱，类型较多。

图1-27　郎式标准蜂箱

①**郎氏10框标准蜂箱**　郎氏10框标准蜂箱是根据西方蜜蜂的产卵力、群势、生活习性以及管理要求设计的一种重叠式蜂箱，是国内外使用最广的一种蜂箱。标准蜂箱由10个巢框、箱身、箱底、门挡、副盖、箱盖及隔板组成，必要时再叠加继箱（图1-27、图1-28）。通过使用隔王板、叠加继箱可以将蜂群的繁殖区和贮蜜区分隔开，以解决生产与繁殖的矛盾。同时，继箱的使用十分有利于蜂蜜的采收，便于进行机械化操作。

图1-28　郎式蜂箱

②**16框卧式蜂箱**　16框卧式蜂箱（图1-29）是可以放入16个标准巢框的横卧式蜂箱，通过加脾可横向扩大蜂巢。也可以用闸板把蜂箱分隔成2～3区，实行多群同箱饲养。此蜂箱在我国的东北以及西北地区使用较多。

图1-29　16框卧式蜂箱

③ **中蜂蜂箱**　中蜂的生物学特性和饲养要求虽然与西方蜜蜂有很多相似之处，但中蜂的体型、蜂王的产卵力、群势、清巢能力以及贮蜜习性等与西方蜜蜂有显著差别，所以除了部分蜂场使用西方蜜蜂标准箱饲养中蜂外，在长期的养蜂实践中，各地区还发展设计出多种类型的中蜂蜂箱，以更好地适应此蜂种的特殊要求。

目前在我国的中蜂饲养过程中使用较为普遍的蜂箱有从化式蜂箱、高仄式蜂箱、中一式中蜂箱、中华蜜蜂十框蜂箱、FWF型中蜂箱以及各种桶式蜂箱等。目前我国中蜂多为定地饲养，在各种地理气候环境中发展出了不同的适用性。很多蜂农直接拿郎式蜂箱来饲养中蜂，尽管不影响养蜂，但在有些地区却很难发展成强群或蜂群繁殖速度较慢，因此蜂农朋友可以在饲养过程中以郎式蜂箱为模板，结合当地的地理气候特点，不断摸索改造适应当地中蜂生活习性的蜂箱，形成相应的管理方式。如图1-30和图1-31所示，这种将巢框长度缩小的蜂箱和巢脾非常适宜昆明等南方地区，蜂群繁殖速度很快，保温也较好。

图1-30　改进的中蜂巢脾　　　　　　图1-31　改进的中蜂蜂箱

（2）巢础　巢础（图1-32、图1-33）是主要使用蜂蜡或塑料为原料经过巢础机压制而成的初具巢房底部和房基的凹凸形薄板。巢础是供蜜蜂建造巢脾的基础，与活框蜂箱配套使用，是现代科学养蜂的基本蜂具之一，包括中蜂巢础和意蜂巢础，分别供饲养中蜂和西方蜜蜂使用。为扩大养蜂规模、发展蜂群，所需巢脾数量不足时养蜂者可从专门的生产厂家购买巢础，使用时镶嵌在巢框上之后放入蜂群，蜜蜂会将巢础上的每个六角形的边加高建造成为巢脾。在养蜂管理中使用巢础，可加速蜜蜂的造脾速度，较少蜂蜜消耗，并且造成的巢脾脾面平整，方便于蜂群的日常饲养管理，有助于现代养蜂机械的使用。

图1-32 巢础

图1-33 已加础的巢框

2.饲养管理用具

饲养管理用具是养蜂生产中不可或缺的辅助用具,主要包括保护养蜂者的面网、使蜜蜂镇静的喷烟器、检查管理蜂群使用的起刮刀、蜂扫、隔王板以及饲养蜜蜂的饲喂器等。

(1)**面网** 面网(图1-34)是在蜜蜂饲养管理工作中保护操作者头部和颈部免遭蜜蜂蜇刺的防护用品,目前市售有很多不同款式的防蜇服(图1-35),可以在蜂具专卖店购买。

图1-34 面网

图1-35 透明防蜇服

（2）**起刮刀**　起刮刀是养蜂管理的专用工具，通常一端是弯刃，一端是平刃（图1-36），主要用于在打开蜂箱时撬动副盖、继箱、巢脾以及刮除蜂箱内的赘脾、蜂胶以及蜂箱底部的污物。

（3）**喷烟器**　在检查蜂群、采收蜂蜜或生产蜂王浆等操作时，可使用喷烟器（图1-37）镇服或驱逐蜜蜂，减少蜜蜂因蜂巢受到干扰而对操作人员的蜇刺行为，提高工作效率。使用时，把纸、干草或麻布等点燃，置入发烟筒内，盖上盖嘴，鼓动风箱，使其喷出浓烟，镇服蜜蜂，使用时注意不要喷出火焰。很多抽烟的养蜂师傅在检查蜂群时吐口烟也能起到预防蜂蜇的目的。

（4）**蜂扫**　蜂扫是长扁形的长毛刷，在提取蜜脾、产浆框、育王框等操作时可使用蜂扫（图1-38）来扫除巢脾上附着的蜜蜂。

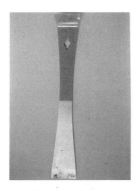

图1-36　起刮刀　　　　　图1-37　喷烟器　　　　　图1-38　蜂扫

（5）**隔王板**　隔王板是限制蜂王产卵和活动范围的栅板，工蜂可自由通过。按照使用时在蜂箱上的位置可把隔王板分为平面隔王板和框式隔王板两类。平面隔王板（图1-39）使用时水平放置于巢箱、继箱箱体之间，可以把蜂王限制在巢箱内产卵繁殖，从而把育虫巢箱和贮蜜继箱分隔开，以方便取蜜和提高蜂蜜质量。框式隔王板（图1-40）使用时竖立插入底箱内，可把蜂王限制在巢箱内的几张脾上产卵。

（6）**饲喂器**　在外界蜜源条件缺乏进行补充饲喂或刺激蜂王产卵、蜂群繁殖时需对蜜蜂进行人工饲喂，饲喂器是用来盛放蜜液或糖浆供蜜蜂取食的用具。常用的饲喂器如下。

图1-39 平面隔王板　　　　　图1-40 框式隔王板

①**瓶式饲喂器** 瓶式饲喂器（图1-41）属于巢门饲喂器，由一个广口瓶和底座组成。瓶盖上钻有若干小孔，使用时将装满蜜汁或糖浆的广口瓶盖子旋紧，倒置插入底座中，使蜜汁能够流出而不滴落。将它从巢门插入蜂箱内供蜜蜂吸食，使用瓶式饲喂器进行奖励饲喂，可以避免引起盗蜂。

图1-41 瓶式饲喂器

②**框式饲喂器** 框式饲喂器（图1-42）属于巢内饲喂器，为大小与标准巢框相似的长扁形饲喂槽，有木制的、塑料的或使用竹子制造的。使用时槽内盛蜂蜜汁或糖浆，并放入薄木浮条（图1-43），供蜜蜂吸食时立足，以免淹死蜜蜂。框式饲喂器适合用于补助饲喂。

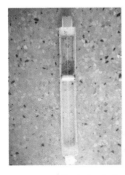

图1-42 框式饲喂器　　　　　图1-43 放入薄木浮条

图1-44 割蜜刀

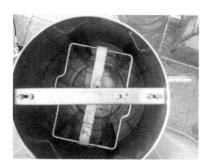

图1-45 摇蜜机（俯视）

图1-46 摇蜜机

此外，也有把巢框上梁设计得较厚、在巢框上梁上凿出长方形的浅槽，作为奖励饲喂少量蜜汁的饲喂器使用，以节省巢内空间。

3. 蜂产品生产工具

（1）蜂蜜生产器具 蜂蜜生产器具主要包括割蜜盖器械和蜜蜡分离器械。割蜜盖器械用于切除蜜脾上的蜡盖，以进行蜂蜜的分离。割蜜盖器械主要有割蜜刀（图1-44）和割蜜盖机两种类型。割蜜刀或割蜜盖机的刀具要由不锈钢制成，以避免铁质刀具因为锈蚀而污染蜂蜜。蜜蜡分离器械包括回收从蜜脾上割下来的蜡盖上黏附的蜂蜜或滤除蜂蜜中的杂质时使用的过滤器，以及利用离心力把蜜脾中的蜂蜜分离出来的摇蜜机（图1-45、图1-46）。近年

图1-47 玻璃摇蜜机

来，一些商家为了展示摇蜜过程，还开发出了玻璃摇蜜机（图1-47）。摇蜜机、过滤器的漏斗骨架以及用于盛装蜂蜜的蜜桶最好使用耐腐蚀、无污染的不锈钢材料制作，切不可使用脱掉防锈树脂的铁皮摇蜜机和铁桶生产、储存蜂蜜，以防止器具被蜂蜜侵蚀后金属铁污染蜂蜜。过滤器的滤网使用不锈钢纱或无毒尼龙纱制作，保证其坚固耐用并便于随时清洗。

（2）**蜂王浆生产器具** 蜂王浆生产器具主要包括王浆框（图1-48、图1-49）、王台基（图1-50）、移虫针（图1-51）、刮浆板（图1-52）、王台清理器、镊子、刀片、纱布、毛巾、王浆瓶、巢脾盛托盘、浆框盛放箱等。蜂王浆的生产和储存器具因直接或间接与蜂王浆接触，如果所用材质不好，或不注意操作卫生，会直接影响到蜂王浆的品质。

图1-48 王浆框（一）

图1-49 王浆框（二）

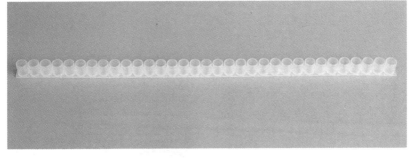

图1-50 王台基

图1-51 移虫针

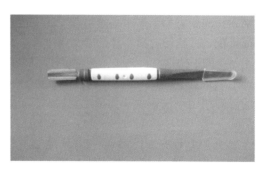

图1-52 两用刮浆板

王浆框是用于安装台基条的木质框架,外围尺寸同巢框,可安装3～4条台基条,王浆框要使用无毒、无异味的优质木材制作,王台基应采用无毒、无味的塑料加工而成。移虫针用于把工蜂巢房内的蜜蜂小幼虫转移到台基条上的王台基中进行育王或产浆,其舌片最好采用纯天然的牛角或羊角制作,也可用无毒塑料制成。夹取幼虫使用的镊子和割除王台基上蜜蜂加高的蜂蜡使用的刀片,以及移虫前用于刮除王台基内壁上赘蜡的王台清理器都应使用不锈钢材料。刮浆板的舌片应采用韧性较好的塑料或橡胶片制成,浆框盛放箱、巢脾盛托盘均应选用无毒、无害、便于清洗的材料制作;采收的王浆可使用食品级无毒塑料瓶或无毒塑料桶盛放。

(3)蜂花粉生产器具 蜂花粉生产器具主要包括花粉截留设备(图1-53、图1-54)、花粉干燥设备以及花粉储存器具等。花粉截留设备用于截留采粉工蜂回巢时所携带的花粉团,主要包括箱底花粉截留器和巢门花粉截留器等类型。新采收的花粉含水量较高,需要及时进行干燥以避免发生霉变,造成损失。花粉干燥可使用自然干燥法、普通电热干燥器及远红外电热干燥器等。

图1-53 脱粉器(正面)

图1-54 脱粉器(反面)

（4）蜂胶生产器具 采收蜂胶（图1-55）的器具主要包括采胶覆布、副盖式采胶器、格栅采胶器等。采胶覆布通常是使用塑料纱网等制作的和蜂箱箱体大小相同的蜂箱覆布。铁纱是蜂胶中重金属铅污染的一个重要来源，应避免使用铁质材料集胶。

图1-55 蜂胶

（5）蜂毒、雄蜂蛹生产器具 蜂毒是一种淡黄色透明液体，是工蜂的毒腺分泌物。收集蜂毒的方法有直接刺激取毒法、乙醚麻醉取毒法、电激取毒法等。直接取毒法取毒量少，乙醚麻醉法所取的蜂毒纯度不高，生产中较少采用。蜂毒生产主要使用电取蜂毒器（图1-56）进行电激取毒，电击刺激蜜蜂排毒收集的蜂毒质量纯

图1-56 电取蜂毒器

净，对蜜蜂的伤害较轻，收集量较大。目前所用的电取蜂毒器种类较多，但一般都是由电源、电网和集毒板等部件构成。

雄蜂蛹是指20~22日龄的蛹，其矿物质含量十分丰富，可制作为罐头产品或经过冷冻干燥制成干粉作为其他产品的添加成分。生产雄蜂蛹的器具主要有雄蜂脾、蜂王产卵控制器、割蜡盖刀、镊子以及盛接雄蜂蛹的器具等。

4. 其他工具设备

养蜂中所用的蜂箱、巢框等木制蜂具较多，需要经常进行维护修理，养蜂人员应尽可能学会木工的基本操作技术，保留一套木工用具，如锯、刨、锤子、螺丝刀等，以方便在日常的养蜂管理中及时制作或维修所使用的工具。

第二章 蜂群的春季管理

第一节 早春蜂群状况

　　春季，气候转暖，蜜源植物逐渐开花流蜜，是蜂群繁殖的主要季节。蜂群早春繁殖的好坏是影响全年蜂蜜、王浆等产品产量的关键因素。春季蜂群的发展，首先是依靠产卵力强盛的蜂王，其次还须具备充足的粉、蜜饲料，良好的保温、防湿措施，无病虫害暴发等条件。

　　我国各地气候、蜜源不同，蜂群本身有强有弱，蜂王有优劣，早春蜂群恢复活动和蜂王产卵时间也有先有后。北方蜂群越冬期长，蜂王在越冬后，2月底3月初开始产卵；华南地区冬季天气温暖，在11～12月蜂群便进入繁殖期；长江中下游地区蜂王在2月初开始产卵。

　　近年来，由于气候变暖，蜂群早春繁殖也和以前不同。在长江中下游地区，过去是在农历立春（2月4日或5日）前后开始繁殖蜂群，进而采集全年第一个主要蜜源植物——油菜。近几年蜂群的春繁都在小寒（1月5～7日）前后开始，比之前提早近一个月，蜂群在油菜花初开时就发展为强群，可以提前开始生产蜂王浆。

　　早春繁殖时间可以根据经验灵活改变。在长江中下游地区油菜面积大，在3月10日前后就可以生产王浆，在3月15日左右就可以取蜂蜜（图2-1）。一般每个继箱可取蜂蜜30千克左右，收入十分可观。

　　蜂王在蜂巢中温度达到34～35℃时开始产卵，产卵圈（图2-2）按椭圆形扩大。随着蜂王开始产卵，工蜂需要吃更多的花粉，分泌蜂王浆饲喂幼虫。由于早春气温较低，蜂群较弱，蜜蜂结团并消耗更多蜂蜜以保持巢内温度。天气晴暖时，蜜蜂会散团，出巢排泄和采集。如果阴雨连绵，工蜂不能出巢排泄，腹内积粪过多，会影响工蜂饲喂能力，进而影响蜂群的繁殖。

蜂群越冬会出现失王现象，而且会有很多老蜂死亡落于箱底。开春后，选择晴暖无风天气，对蜂群进行一次快速全面检查，以了解蜂群越冬饲料消耗状况、蜂王损失情况等。如果出现肚子膨大、肿胀，爬在巢门前排粪，表明越冬饲料不良或受潮湿的影响；有的蜂群出箱迟缓，飞翔蜂少，而且飞得无精打采，表明群势弱，蜂数较少；个别群出现工蜂在巢门前乱爬，秩序混乱，说明已经失王；如果从巢门拖出大量蜡屑，有受鼠害之疑。对缺乏贮蜜的蜂群要及时补入大蜜脾；无王群及时介绍储备蜂王或结合群势调整并入他群。借全面检查之机，用蜂箱清理铲（图2-3）把箱底死蜂、碎蜡渣、霉变物等清除干净，这样既保持了群内卫生，又减少了蜜蜂清理死蜂等的工作负担。囚王越冬的蜂场，可同时将蜂王放出王笼（图2-4）。这次全面检查也是促进蜜蜂排泄的一次良好机会。

图2-1　繁殖旺盛的蜂群

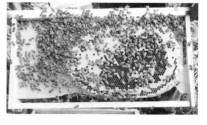

图2-2　产卵圈

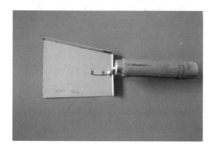

图2-3　蜂箱清理铲

图2-4　从囚王笼放王

第二节　早春治螨及蜂具消毒

早春蜂群易发生蜜蜂孢子虫病、麻痹病和幼虫腐臭病。因此应做好蜂巢保温，促进蜜蜂飞翔排泄，饲喂优质蜜粉，以增强蜂群的抗病能力。可在饲喂时加入少量姜、蒜汁液等以预防疾病。不要随便使用抗生素，以免产生药物残留，影响蜂产品质量。

1. 治螨

春季蜂群弱，蜂螨（图2-5、图2-6）的增殖比蜂群增殖速度快，要把蜂螨全部治一遍，将蜂螨寄生率降到最低限度。经过漫长的越冬期，气温开始回升，蜂群逐渐产孵繁殖，此时蜂群内蜂少、脾少、子少，蜂螨大都暴露在蜂体上，属蜂螨易控时期。应每隔2～3天用药1次，若蜂螨寄生率低，治疗1～2次即可；若蜂螨寄生率高，可防治2～3次。除了螨扑、速杀螨和敌螨一号外，升华硫对小蜂螨具有较好的防治效果。使用时，抖落封盖子脾上的蜜蜂，然后用纱布包着升华硫粉，均匀涂抹于封盖子脾的表面。每隔7～9天1次，连续2～3次。

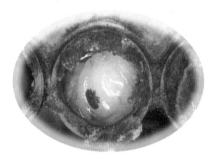

图2-5　寄生大螨的蜜蜂幼虫

图2-6　寄生大螨的蜜蜂成虫

春季治螨需注意四点：①治螨药剂应选用水剂，不宜使用烟剂或其他，可用敌螨一号、速杀螨等，浓度按说明书要求配比。②气温要适宜，选晴暖天气中午喷洒治螨药剂，且外界气温不低于10℃为宜，以便蜜蜂出巢排泄。切忌傍晚治螨，以避免喷药时蜜蜂出巢冻死而造成损失。③早春蜜源缺乏，蜜蜂易起盗。因此，治螨时间要短，动作要快，以防发生盗蜂。④用药前夜要喂饱蜂，以增强蜜蜂抵抗力。此外，蜜蜂吃饱后腹部体节伸展，可使躲在腹节间膜里的蜂螨暴露在外。

2. 蜂箱和巢脾的消毒

加继箱之前，要将箱体内一切杂物清理干净，用酒精、新洁尔灭等进行消毒。酒精最好用纯度为75%的，也可不加水，用纯酒精。新洁尔灭按说明书上的比例加水。用小型喷壶（图2-7），对箱内进行消毒。

选越冬期前撤下的有蜜、有粉、产过3～4次子的老脾，放入箱圈内进行熏蒸，以清毒杀虫。熏蒸时，在最下面放一个空箱圈，上面摆上装好巢脾的箱圈，然后再套上塑料膜密封。将硫粉放入碗中点燃，放入最下层的空箱圈中，密封。在熏蒸一天一夜后即可取出，留待需要时加入蜂群中。

图2-7　喷壶

3. 换脾

春季换脾是一项可选步骤。冬季蜂王虽然被囚在王笼内，但出于本能，有些蜂王还会将少量卵产到王笼附近的巢脾表面。工蜂会把卵转移到蜂房，造成囚王后仍有少量幼虫、蛹的现象。这给蜂螨提供了繁殖场所，所以有些早春不换脾的蜂场，刚春繁不久就会发现蜂螨大量寄生的情况。

使用熏蒸后的蜜、粉脾对箱内的脾进行调换。换脾前应先将巢框四面的杂物清理干净，再往脾上喷些水，然后把巢房削去1～3毫米，以利于工蜂清理蜂房和蜂王产卵。换脾应在下午4点钟以后，最好是在天黑以后进行，动作要快，以防引起盗蜂。在抖脾时，可先用喷烟器对框两端喷少许烟，使蜜蜂离开框脾两头，这样有利于抖脾。也可用点燃的蚊香或棒香代替喷烟器，对框脾两头各点一下，但蚊香对蜜蜂是有一定的害处的。

第三节　放王产卵

在秋季适时使用囚王笼（图2-8）控制蜂王产卵是许多蜂农的做法。如果不囚王，在冬天蜂王会繁殖出众多无用的工蜂。囚王的目的就是抑制蜂王卵巢发育，减少其产卵。囚王后能减少越冬蜂的损失，使蜜蜂安静地结团，进入半休眠状态，不但延长了蜜蜂寿命，还能减少饲料的消耗。此外，还便于蜂王休养生息，利于来年繁殖。

初养蜂的蜂农往往控制不好早春蜂王产卵。放王过晚，会影响蜂群的繁殖，进而影响蜜粉源的采集；而放王过早，则因早春天气寒冷，工蜂不能外出采水，外界又无蜜粉源，结果消耗了大量饲料，培育出的新蜂又不健壮。因此及时放王产卵，既节省饲料，又能培育大批采集蜂。华北地区的蜂群一般在3月初放王，长江中下游地区在1月初放王。

从放王前2~3天开始，每天或隔天对蜂群进行奖励饲喂，每群蜂喂糖水（糖水质量比为1:1）200~300克，以蜜蜂够吃为宜。放王后1~2天，蜂王即开始产卵。若蜂箱中没有粉脾，在放王后5天就可以开始饲喂花粉。蜂王开始产卵后，尽管外界有一定蜜、粉源植物开花流蜜，也应每天用糖水喂蜂，以刺激蜂王产卵，糖水中可加入少量食盐，也可饲喂一定的中草药制剂预防幼虫病发生。

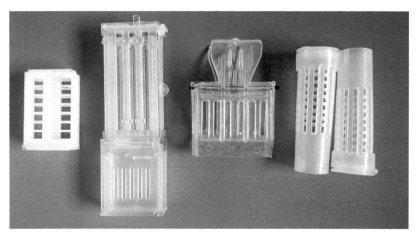

图2-8　囚王笼

第四节　促蜂排泄

蜜蜂在越冬期间一般不飞出排泄，粪便积聚在后肠中，使后肠膨大几倍。春季，当蜂王开始产卵后，蜜蜂将蜂巢内育虫区温度调整到34～35℃，蜜蜂饲料消耗增加，使蜜蜂腹中粪便积累增多。因此，为了保证蜜蜂的健康，到了越冬末期一定的时间，必须创造条件，促进蜜蜂飞翔排泄。

选择晴暖无风、中午气温在10℃以上的天气，在上午10点至下午2点，取下蜂箱外的保温物，打开箱盖，让阳光晒暖覆布，提高蜂巢温度，促使蜜蜂出巢飞翔排泄。若同时喂给蜂群100克50%的糖水，更能促进蜜蜂出巢排泄。如果蜂群在室内越冬，应选择晴暖天气，把越冬蜂搬出室外，两两排开，或成排摆放，让蜜蜂排泄飞翔后进行外包装保温。排泄后的蜂群可在巢门挡一块木板或纸板，给蜂巢遮光，保持蜂群的黑暗和安静。在天气良好的条件下，促蜂排泄要连续2～3次。

促蜂排泄的时间，在华北地区，一般选在立春前后，即离早期蜜源植物开花前半月左右。在西北及东北地区，安排蜜蜂排泄的时间可在蜜源植物开花前20天左右。长江中下游地区，安排在大寒前后，早的在大寒之前。

根据蜜蜂飞翔情况和排泄的粪便，可以判断蜂群越冬情况。越冬顺利的蜂群，蜜蜂体色鲜艳，飞翔敏捷，排泄的粪便少，像高粱米粒大小的一个点，或是线头一样的细条。越冬不良的蜂群，蜜蜂体色暗淡，行动迟缓，排泄粪便多，排泄在蜂场附近，有的甚至就在巢门附近排泄。如果越冬后的蜜蜂腹部膨胀，爬在巢门板上排泄，表明该蜂群在越冬期间已受到不良饲料或潮湿的影响；如果蜜蜂出巢迟缓，飞翔蜂少，飞翔无力，表明群势衰弱。对于不正常的蜂群，应尽早开箱检查处理。对于受不良饲料影响的蜂群，可用本场储备的优质蜜粉脾经预温后，换出受影响蜂群的巢脾。对过弱蜂群应及时进行合并。在第一次排泄时可进行一次全面开箱检查，并清除箱底死蜂。

第五节　紧脾保温

蜂群自身有一定的保温能力。温度高，蜜蜂散团、扇风以降低巢

图2-9 蜂群的紧密摆放

温;温度低,蜜蜂结成团、消耗更多蜜糖以提高巢温。早春冷空气多,阴雨天时间长,夜间气温常降到0℃以下。单靠蜂群自身保温能力保持巢内育虫区34~35℃的繁殖温度,不仅会限制蜂王产卵圈的扩大,还会严重影响蜜蜂本身的寿命,造成早春拖子。受冻子脾即使有些蜂子勉强羽化出房,成蜂的健康状况也不好。因此,早春蜂群一定要做好保暖措施。蜂群的早春保温工作,华北地区是在蜜蜂飞翔排泄的时期进行,长江中下游地区一般在立春前后进行,早的在大寒前后进行。蜂群应摆放在地势高、背风向阳的地方,一排排平行摆放(图2-9),这样既有利于蜂群间的相互借温,又节省蜂群保温的包装材料,还可以防止蜂群的偏集。蜂群保温的方法有箱内保温和箱外保温等。

1. 箱内保温(紧脾)

早春蜂巢中巢脾过多,空间大,蜜蜂分散,不利于保温保湿。在蜂巢里,蜂王产卵、蜂子发育需在35℃的条件下进行,称为"暖区"。而贮存饲料和工蜂栖息,温度条件要求不太高,称为"冷区"。早春,把子脾限制在蜂巢中心的几个巢脾内,便于蜂王产卵和蜂子发育。边脾供幼蜂栖息和贮存饲料,也可起到保温作用。

可抽出多余的巢脾,使蜜蜂密集,达到蜂多于脾的程度,保证蜂巢中心温度达到35℃,蜂王才会产卵,蜂子才能正常发育,以后随着蜂群的发展,再逐渐加入巢脾,供蜂王产卵。把剩余的巢脾集中于蜂箱中央,双王群则集中于隔板两侧,两侧再各加隔板。对于弱群,还可将隔板两侧空间用干草等填充,框梁上面再加盖棉垫或草垫。箱内保温物可随气温升高、蜂群的扩大逐步撤除。

此外,气温较低时,冷空气容易从巢门进入蜂箱,寒潮期间和夜晚应缩小巢门。弱群的巢门在夜晚可全部关闭,第二天再打开。

2．箱外保温

春繁时蜂群10～15箱为一排，前后排成数行在向阳的地方摆放。用干草等填充箱缝，箱底垫3～5厘米厚的干草，蜂箱左右和后壁用草帘包住，再用塑料薄膜把整排的蜂箱盖住（图2-10）。晴暖的白天翻开，让工蜂进出，低温阴雨和夜晚盖上，防寒祛湿。注意加盖草帘和塑料薄膜时，要留出巢门，不要堵塞。随着蜂

图2-10　箱外包装

群的壮大，气温逐渐升高，慎重稳妥地逐渐撤除包装和保温物。箱外保温在蜂群发展到一定群势，外界气温转高、稳定时全部撤除。

潮湿的箱体或保温物都易导热，不利保温。因此，早春场地应选择在干燥、向阳的地方。在气温较高的晴天，应晾晒蜂箱，翻晒保温物。

第六节　蜂群的早春饲喂

早春蜂王开始产卵后，蜂群活动增加，随着虫脾面积的扩大，蜂群将消耗更多饲料。为了迅速壮大群势，在春季要进行奖励饲喂。

1．喂糖

在蜂群紧脾保温时，留1脾的蜂群应有巢蜜0.5千克，留3脾的蜂群应有巢蜜2.5千克以上，以确保蜂群的正常繁殖。应于主要流蜜期到来前4～5天，或外界出现粉源前一周开始奖励饲喂。奖励饲喂采用白糖与水按1∶1的质量比进行调制，倒入饲喂器中，每次每群饲喂0.5～1千克。开始时可隔天喂一次，随着幼虫增多，改为每天一喂。开始奖励

饲喂时，也可喂质量比为60%的糖水，之后再饲喂50%的糖水，这样更有利于早期蜂群的产热保温。奖励饲喂既要保持蜂群有足够的饲料，又要注意不应在次日有剩余，以免压缩产卵圈。

2. 喂花粉

花粉是蜜蜂蛋白质、脂肪的主要来源。哺育1只蜜蜂起码需要120毫克花粉。1万只工蜂在哺育时，需1.2～1.5千克花粉，一个较强的蜂群，一年消耗花粉20～30千克。蜂群缺乏花粉时，新出房的幼蜂因取食花粉不足，其舌腺、脂肪体和其他器官发育不健全，蜂王产卵量就会减少，甚至停产，幼蜂发育不良，甚至不能羽化，成年蜂也会早衰，泌蜡能力下降，蜂群的发展也就缓慢。因此，在蜂群繁殖期内，外界缺乏花粉时，必须及时补喂花粉或花粉代用品。

在蜜粉源植物散粉前20天开始饲喂花粉。饲喂花粉最有效最简便的方法，是将贮存的优质粉脾，喷上稀糖水（可加快蜂群对粉脾表面的清理），加入巢内供蜜蜂食用。若无贮备的粉脾，也可用质量比1∶1的糖水把花粉调制成团状或条状，直接放在靠近蜂团的巢脾上或放在框梁上（图2-11）。调制花粉团应注意，不能使花粉团过稀，以免从框梁漏下，也不可过干，以免影响蜜蜂的采食。因此，当粉源充足时，应在巢门安装脱粉器，收集大量的花粉，干燥后妥善进行保管，在缺粉的季节，按照上述方法，补充饲喂给蜂群。

在缺少天然花粉时，也可采用花粉替代品饲喂蜂群。可将豆粉之类的替代物用蜂蜜调制成糊状放在框梁上任蜂取食。也可将花粉和大豆粉混合，加水、糖浆（或蜂蜜）、酵母混合制成花粉混合饲料。但是使用这些替代品饲喂的蜂群不如正常饲喂的蜂群群势强，因此应尽量饲喂正常天然花粉。

图2-11　饲喂花粉

蜂场常用的简易花粉代用

品配方如下。

配方1：脱脂大豆粉或豆饼粉3份、酵母粉1份、蜂花粉2~3份，用蜂蜜或糖水混合制成糖饼，框梁饲喂蜜蜂。

配方2：脱脂豆粉或豆饼粉3份、酵母粉1份、脱脂奶粉1份、白砂糖或蜂蜜2份，加水混合制成糖饼，框梁饲喂蜜蜂。

配方3：脱脂豆粉或豆饼粉3份、蜂花粉3份、白砂糖或蜂蜜2份，框梁饲喂蜜蜂。

3．喂水

水是蜜蜂维持生命活动不可缺少的物质，蜂体的各种新陈代谢机能，都不能离开水，蜜蜂食物中营养的分解、吸收、运送及利用后剩下的废物排出体外，都需要水的作用。此外，蜜蜂还用水来调节蜂巢内的温、湿度。蜂群一到繁殖期，尤其是早春时期，需水量是相当惊人的，巢内有大量幼虫需要哺育的时候，一个中等群势的蜂群一天需水量大约2000~2500毫升。幼虫越多，需水量越大。在热天，蜜蜂到箱外采水来降低蜂箱内的温度。但在越冬期间，需水量就大大降低，在低温条件下，蜜蜂还会保持由于代谢作用形成的一部分水。在早春的繁殖期，由于幼虫数量多，需水量大，这时外界气温又较低，如果不喂水，会有大量采水蜂被冻死。如果在不清洁的地方采水，还会感染疾病。因此，自早春起应不断地以干净水饲喂蜂群。

喂水的方法：在早春和晚秋采用巢门喂水，即每个蜂群巢门前放一个盛水的小瓶，用一根纱条或脱脂棉条，一端放在水里，一端放在巢门内，使蜜蜂在巢门前即可饮水。平时应在蜂场上设置公共饮水器，用如木盆、瓦盆、瓷盆之类的器具盛水，或在地面上挖个坑，坑内铺一层塑料薄膜，然后装水，在水面放些细枯枝、薄木片等物，以免淹死蜜蜂。在蜂群转地的时候，为了给蜂喂水，可用空脾灌上清水，放在蜂巢外侧；在火车运输途中，可常用喷雾器向巢门喷水。干燥地区越冬的蜂群常因饲料蜜结晶，需要喂水。无论采取哪一种方法喂水，器具和水一定要洁净。

在蜜蜂的生活中，还需要一定的无机盐，一般可从花粉和花蜜中获得，也可在喂水时，加入少量食盐进行饲喂（图2-12）。

图2-12 蜂场生活区采食盐水的熊蜂

第七节　适时加脾扩巢

　　蜂王产卵，从巢脾中间开始，螺旋形扩大，呈圆形，常称子圈（图2-13）。子圈面积大，表明培育蜂子多。因此，早春管理的中心任务就是要增加子脾数量，扩大子圈。但此时外界气温不稳定，蜜粉源情况变化较大，如果盲目扩大子圈，加脾扩巢，气温降低时，蜜蜂护不住脾，会使子脾受冻，繁育出的蜜蜂健康状况不佳，因此必须因群、因时制宜，灵活运用扩大子圈、增大蜂巢的技术。加脾的原则是：开始繁殖时蜂多

图2-13 子圈

于脾，繁殖中期蜂脾相称，繁殖盛期蜂略少于脾，生产开始时蜂脾相称。

1. 扩大子圈

在刚开始繁殖时，只有少数几个巢脾上有子，可采取割开子脾周围蜜盖，让蜜蜂采食后产子来扩大子圈，不要急于加脾扩巢。早春蜂王产卵，多先集中在巢脾朝巢门一端，当这一端产满之后，应将子脾调头，让蜂王产满整张巢脾。

在早春繁殖时期，弱群往往出现蜂王仅在巢脾中央的不大面积内产卵，而产卵圈周围被粉房包围，这就是"粉压子圈"现象。出现这种情况，蜂群发展十分缓慢。除应加强保温，让巢中心温度达到35℃之外，还应在蜂王所产卵的巢脾外侧，加入空脾，让蜂王尽快爬出粉圈到外面巢脾产卵，才能加快弱群的发展。

2. 加脾扩巢

繁殖初期蜂多于脾的蜂群，一般在子脾上有70%～90%的巢房封盖，或有少数蜂出房时，将1张空脾加在蜜、粉脾内侧。群势强的蜂群，在子脾面积达到70%～80%后加脾；群势弱的蜂群待新蜂大量出房时加脾，也可根据蜂群情况，将巢础加在巢脾外侧，若蜂群造脾迅速则再移至内侧。加脾之前，可将巢房表面割去1～3毫米，这样能加速蜂王产卵。1天之后，当工蜂已清理好巢房，脾温也升高之后，再加入巢中央"暖区"供蜂王产卵。

当第一代子全部出房，巢内工蜂已度过更新期，全部由新蜂代替越冬的老蜂，而一个完整的封盖子全羽化出房后，可以爬满3张脾，这时蜂群内的蜜蜂较为密集，应及时加入1～2张空脾，供蜂王产卵。几天之后，蜂王已产满空脾，幼虫已孵化，再加入1张空脾，此时，巢内的蜂脾关系为脾略多于蜂，即巢内工蜂密度较稀，约7天之后，由于幼蜂不断羽化出房，巢脾上的蜜蜂又逐渐密集起来，再加入1～2张巢脾。然后可看情况，每过3～5天加一框脾，这样，蜂群就会很快地壮大起来。一只越冬后的老蜂，只能哺育幼虫1～3只，一只出房的新蜂可哺育幼虫3～4只。因此繁殖蜂群中已加到3框脾时，再加脾时应慎重，要根据天气（天气晴暖）、群势（蜂爬满脾）、蜂子（子脾面积达70%以上）、饲料（子脾边角有蜜，有花粉贮存）等情况，如果情况不好，可暂缓加脾。

3. 加继箱

当蜂群发展到6框时，如果进粉较多即可开始生产花粉和蜂王浆，王浆生产从此开始，直至全年蜜源结束为止，对采蜜较多的蜂群要进行蜂蜜生产。当蜂群发展到5~6框时，应暂缓加脾，积累更多的工蜂，使蜂、脾关系从蜂少于脾发展到蜂脾相称或蜂多于脾，等待加继箱。当箱里有7足框以上的蜂，就可以加继箱。加继箱前，每一群要准备一个继箱（图2-14），一块隔王板（图1-39），2块隔板，2~3张巢脾。把巢箱中1框边脾提上继箱（也可不提脾），再在继箱中另加1~2框空脾。

图2-14 继箱饲养强群

巢箱保持5张脾，继箱上放2~3张脾，组成一个生产群，等粉源到来时就可以开始生产蜂王浆。对于弱群，应在春季蜜源植物开始流蜜后再加继箱。

当箱内已有5~6足框蜂时，如果遇到持续的强冷空气、雨雪天气等特殊情况，由于箱内温度高，工蜂负担重，消耗大量花粉，工蜂急需出巢排泄，会造成蜂群损失。这时可以先加上继箱，但不要放脾，以降低箱内温度，减少蜜蜂外出，待条件合适再加空脾。

4. 强弱互补

一个蜂场所有的蜂群不可能均衡发展，在春繁过程中群势有强有弱。强群内工蜂数量多，哺育蜂子能力强。但是，蜂巢内环境复杂，蜂王要寻找一个合适的巢房产卵，需要花较长的时间，相应地产卵速度减慢，产卵量下降，蜂群增长变慢；而弱群巢内蜂脾较少，环境不太复杂，蜂王产卵速度相对较快，但群内哺育蜂较少，哺育能力弱，不能完全保证蜂王所产卵的完全孵化和幼虫的正常发育。因此，及时将弱群内的卵、幼虫脾，调入强群哺育，同时在弱群中央加入空巢脾，供蜂王产卵，产满一脾提出一脾，加强群哺育。这样既调动了弱群蜂王的产卵积极性，也调动了强群哺育蜂的积极性。同时又把强群里的封盖子脾，提入弱群，补充弱群，弱群也会很快强起来，达到均等群势的目的。

　　当强群发展到8框以上时，蜂群繁殖速度最快，如蜂数继续增加，其繁殖速度反而会下降。此时要进行强弱互补。将强群中的封盖子脾提出加到弱群中，将弱群中的卵虫脾提出加到强群中。这样弱群中可利用强群哺育新蜂，强群中也加入了适合产卵的空脾。强弱互补是养蜂中经常用的一种措施，使全场的蜂群成为一个整体，发挥各个蜂群的优势，使所有蜂群都成为具有生产能力的强群。蜂群强弱互补一定要注意所调换的蜂群都是健康蜂群，若蜂群感染疾病（如大螨、细菌病、白垩病等）则不能调脾，以防交叉感染。

第八节　组织双王群

　　双王群比单王群繁殖快，控制蜂群的能力较强，不易发生分蜂，但双王群相对子多蜂少，生产能力较弱。将巢箱的中间用隔王板分隔成两室，每室各开一个巢门，每室放入2～3框蜂，就可以组成双王群（图2-15）。开始组织时，可将两室作为交尾群，当处女王交尾后，便成为两个蜂群；也可直接组织成两个蜂群，分别诱入蜂王，两群的蜂王年龄要基本一致。

图2-15　双王群饲养

当蜂群逐渐增多到满箱时，加上继箱。从每区各提3张蛹脾和1张蜜粉脾放在继箱中间，巢箱空处补入空脾或巢础框，巢箱、继箱之间加上隔王板，限制2只蜂王在巢箱的两区内产卵。刚组织的继箱双王群，由于老蜂飞回巢箱，会出现巢箱蜂多、继箱蜂少的现象，在最初几次调整巢脾时，向继箱中多调入将要出房的封盖子脾，待上、下箱群势基本平衡之后，再按常规方法进行管理。

巢箱双王群由于空间有限，需要6～7天调整一次巢脾，才能保证有大量的空房供2只蜂王产卵。当上、下箱都繁殖到满箱后，如流蜜期还未到，可抽出蛹脾补给其他未满箱的蜂群。但到流蜜期临近，要适当限制蜂王产卵，以减轻采蜜期蜂群的哺育负担。可采取向产卵区加入粉脾或调出一只蜂王另组双王群等办法迎接流蜜期到来。

第九节　控制分蜂热

春季蜂群发展到一定的程度，意蜂有7～8框子、中蜂有4～5框子时会出现分蜂现象。分蜂前，蜂群出现封盖王台，蜂王腹部缩小，产卵量显著下降到停止产卵，工蜂怠工。分蜂对群势的发展和蜜、粉源的利用是不利的，特别是在主要流蜜期中发生分蜂，会造成强群立刻成为弱群，影响采蜜。造成分蜂的因素有很多，做好良种选育和加强饲养管理，能够预防和控制分蜂热的发生。

（1）选用良种、更换新王　在人工培育蜂王时或者引进种王时，要挑选能够维持强群、分蜂性弱的蜂群作为种群和哺育群。新王对蜂群的控制能力比老王要强。当蜂群有分蜂趋势时，在流蜜期前半个月左右，用新王更换老王。

（2）繁殖期适当控制群势　在流蜜期到米之前20天左右，当蜂群发展壮大、幼蜂大量增多的时候，可分期分批提出封盖子脾加强弱群，也可进行人工分群。这样既能控制分蜂又能增加蜂群数量。

（3）及时取蜜　在蜜源比较丰富的情况下，蜂群有时会出现蜜压子圈的现象。此时要及时取蜜，使蜂王有产卵空间，这样可以消除蜂群的分蜂情绪。

（4）生产王浆　蜂群强大后会产生分蜂情绪，其很大原因是哺育力过剩。强群采取连续生产王浆的办法，充分利用工蜂哺育力，可以有效地避免分蜂。

（5）**造脾** 淘汰劣脾，积极造脾，把陈旧的、雄蜂房多的、不整齐的劣脾及早剔除，加巢础框多造新脾。这样既增加了蜜蜂的劳动量，缓解了分蜂情绪，同时又扩大了产卵圈。

图2-16 去除王台

（6）**割除自然王台** 蜂群出现分蜂热后，工蜂不断地造台基，蜂王在其中产卵。从产卵到王台封盖需要8天时间，因此应每隔7天定期逐脾检查，在封盖前将王台毁除（图2-16）。

（7）**适时加脾** 适时加脾，扩大巢门和蜂路，改善蜂巢的通风状况，缓解蜂群的拥挤情况，使蜂王有充足的产卵空间，蜂群经常处于积极状态。

（8）**蜂王剪翅** 蜂王剪翅不能抑制分蜂，但可保证分出群不能飞走。剪翅时间一般是在蜂群出现分蜂征兆时，将蜂王一边前翅剪去2/3（图2-17）。当发生分蜂时，蜂王就会跌落在巢前，分出的蜜蜂很快就会返回原巢。

（9）**分蜂热的蜂群的处理** 除割除王台外，一是加卵虫脾，把巢内封盖脾全部抽走，把新分群和弱群的卵虫脾调入，使一框蜂有一个卵虫脾，由于哺育工作加重，会抑制分蜂热（图2-18）；二是加空脾，把群内子脾或封盖子脾全部提出，换上空脾和一部分巢础框；三是和弱群调换蜂箱位置，以减少蜂数，降低群势。一旦发生分蜂，要设法收捕分蜂团。

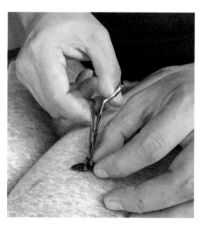

图2-17 蜂王剪翅

图2-18　产生分蜂热的蜂群

第十节　王种选育

选育王种一般在春季，第一个蜜粉源植物花期，其他花期也可培育一定数量的蜂王，随时更换老劣蜂王。

1. 人工育王的条件

蜂群建造优良的王台，是在蜜粉源丰富的阶段。如果是移虫育王，幼虫期需要3～4天，封盖子期8天，交尾期8～9天，处理期1～2天，再加上使用期3～4天，共需要23～27天。如果是移卵育王，则需要

27～31天，故应有连续30～40天的蜜粉源，如果条件达不到，必需保证群内有充足的饲料。

雄蜂性成熟期是在羽化12日龄以后，19～20日龄最佳；蜂王性成熟期则在羽化出房5日龄后，8～9日龄最好。雄蜂交尾期比蜂王交尾期仅仅多出雄蜂的发育期而已，也就是说，雄蜂羽化出房后，在等待性成熟的19～20天，就是幼虫培育的蜂王从幼虫到性成熟可以交尾这一段时间20～21天，亦即雄蜂出房时，就幼虫育王，则二者的性成熟期可以吻合。故在养蜂生产上，有句"见到雄蜂出房即可着手育王"的俗语。

育王所用的蜂群应健康、无病、具各龄蜜蜂，尤其是哺育蜂。蜂场育王必须具备以下条件：蜂场里拥有可作父、母本的蜂群；蜜源比较丰富；气温稳定在20℃以上；交尾期要避开雨季；同时有强健的哺育群和大量性成熟的（10～30日龄）种用雄蜂。

2．育王用具

育王用具有育王框、蜡碗棒、移虫针等。育王框与生产王浆的框基本相同。

蜡碗棒（图2-19）顶端必须打磨成十分光滑的半圆形，半圆直径为7～8毫米，端部10毫米处的圆柱直径为10毫米左右，蜡碗棒根据用量分单根和多根两种，但其端部都必须保持在同一平面上，以保证所制蜡碗深浅一致。

图2-19　蜡碗及蜡碗棒

移虫针有塑料质和牛角质制成的单舌移虫针和弹力双舌移虫针两种。不论哪种移虫针，端部都制成宽1～1.5毫米、厚约0.1毫米的具有弹性的舌装薄片（图1-51）。双舌移虫针，下舌起虫，上舌推浆，较易掌握，效果较好。研究表明，移虫时，虫龄越小，培育出的蜂王越好，所以育王时移卵更好。

3．培育种蜂群

育王的种用群要选择有效产卵力高，采集力强，分蜂性弱（能维持强大群势），抗逆性和抗病力强及体色比较一致的蜂群。母群的数量根据育王数量而定，100～200群的蜂场，选择3～5群就足够了。父群则要多一些，大约需要25群。这样同期成熟的雄蜂数量多，可保证利用雄蜂的空间优势，

图2-20　强群育王

避免近亲交配。父、母群的选择工作，须在育王前一个月着手进行。春季育王，父、母群的群势不应低于8脾（图2-20）。

雄蜂从卵至羽化出房，需24天，到性成熟，又需要10天左右，共需34天左右。因此，培育雄蜂工作，提前20天进行。培育雄蜂必须在外界蜜、粉源充足的情况下进行。可用隔王板把蜂王控制起来，强迫蜂王在雄蜂脾上产未受精卵，以保证在计划的时间内有足量的性成熟雄蜂。育雄蜂群内要有50%左右的幼蜂，如果达不到这个比例，要提入快要出房的老封盖子补充。种用雄蜂的数量应根据处女王的数量而定，在正常情况下，一只处女王需要与7～10只性成熟的雄蜂交尾，就能满足受精需要，为造成空中优势，培育雄蜂的数量，应超过4～9倍。

哺育群内的幼蜂（哺育蜂为4～13日龄的工蜂）必须占全群的30%以上。如不足，应在育王前15天提入封盖子脾补充。哺育群内，应有5%～10%的雄蜂。如没有，可调入即将出房的雄蜂封盖子脾补充。哺育群的蜂脾关系，在早春时应蜂多于脾，其他季节，蜂脾相称即可，工蜂密度较大，培育的蜂王质量更高。应使用隔王板把哺育群分隔成为育王区和蜂王产卵区，继箱的育王区，可设在继箱上。育王框应放在育王区中央。紧靠育王框的两侧，一侧放入幼虫为主的虫卵脾，另一侧放一张封盖子脾。既可起到保温作用，又可保证哺育蜂集中吐浆饲喂蜂王幼虫。

育王期间无论外界蜜、粉源如何，都应坚持每天给哺育群饲喂一定量的糖水和花粉。此外，还应做好保温工作，尤其是早春季节。育

王群尽可能避免开箱检查，更不要调动和移动巢脾。饲喂时，只要掀开覆布的一角就可，并且动作要轻快，以免引起蜂群内的温、湿度的波动和引起蜂群的骚动，影响哺育工蜂正常地哺育蜂王幼虫和所培育蜂王的发育。

4. 育王的方法

移虫前，需要先蘸制蜡碗。选用纯蜂蜡（由脾熔化而得）放入瓷杯中，加入少量水，放在火炉或沸水中加热熔化。然后将事先浸泡在冷水中的蜡碗棒取出，浸入蜡液9～10毫米，立即提起。蜡碗棒上的蜡液凝固后再浸入，反复2～4次，动作要轻快，在蜡液中不能停留过长，这样就蘸制成底厚边薄的蜡碗，然后快速将其粘在育王框的台基条上，用手旋动棒端的蜡碗，使其脱离蜡碗棒，就形成一个一个大小一致的蜡碗，每个台基条粘8～12个即可（图2-21、图2-22）。粘好蜡碗的育王框，即插入育王群内，让工蜂清理，过3～4小时，待工蜂清理好，蜡碗口微显收口时，即可取出移虫。也可直接用取过数次王浆的塑料浆条代替蜡碗。

图2-21　育王框

图2-22　国外的塑料育王框

移虫工作应在气温达20℃以上，空气湿度适宜的室内进行。从育王群内取出育王框和幼虫脾，立即着手移虫。移虫时，从幼虫背部方向轻轻挑起幼虫，移入台基时，不可让幼虫翻转。也不可把蜂王浆覆盖在幼虫上，把幼虫安放在台基底部正中。移虫后，应给育王群饲喂蜜水和花粉。第二天应尽快检查移虫的接受率，如果达50%以上，不必再补移。5天之内不再开箱检查。移虫后第十天，就要把成熟的王台，去劣留优，介绍到交尾群中去。在整个移虫、育王过程中，切忌震动，否则会损害幼虫的正常发育。

5．组织交尾群

组织交尾群前要准备好交尾箱。交尾箱一般用普通标准箱，用木制隔离板隔成2～4小室，前后左右各开一个小巢门，每室可放1～2个巢脾。各室之间分隔要严密。绝对不可有让工蜂或蜂王互通的空隙。

育王时，在移虫后第9天或第10天就应组织交尾群。每个交尾群都应有蜜、粉脾和即将出房的封盖了脾，也可带些大幼虫。提入交尾群的脾应是幼蜂多的脾。同时也可找一张幼蜂多的巢脾，将蜂抖入交尾箱内，老蜂飞回原群后，交尾箱内仍能保持蜂脾相称。提脾（图2-23）和抖入时，千万不要把蜂王带入交尾箱内。交尾群组织好后，立即搬离大群10米以外的地方，放在明显标志（树、灌木、石头等）旁，锄去巢门前的杂草。两个交尾群间的距离2～3米。

移虫后11天，在处女王即将出房前（图2-24），必须将王台割下，分别诱入各交尾群中。诱入时，先在巢脾中部偏上入，用手指按一个长形的凹坑，然后将王台基部嵌入凹坑内，端部朝下，便于处女王出房。诱入王台还要注意下列事项：①诱入王台前，要检查交尾群内是否有急造王台，若有，应立即毁掉；②如连续使用交尾群，前一个已交尾蜂王提走后，马上诱入王台，易被工蜂毁掉，可将王台保护好，再固定在巢脾中上部；③育王框或单个王台，切忌倒放、丢抛和震动；④诱入王台时，两脾之间不要挤压，如发现小而弯曲的王台，应立即淘汰。

王台诱入的第二天傍晚，对所有交尾群进行一次检查，了解处女王出房情况（图2-25），发现死王台、失王或质量不好的处女王，应立即淘汰，重新补入王台或处女王。之后，5天之内不要开箱检查。处女王出房的第六天，检查交尾情况，已交尾者，应按编号登记，或在箱上作上记号。15天以后，应全面检查是否产卵，凡未产卵和交尾的处女王，应予淘汰。

从组织交尾群开始，应喂足饲料，预防盗蜂。早春日夜温差大，应注意保温。检查时，动作要轻，以免造成围王或处女王飞逃。由于处女王交尾在空中进行（图2-26），又具有一雌多雄现象，并喜欢异品种交配，这就给控制交尾造成困难。山区控制范围半径应在10千米以上，平原应在20千米以上，这样才能保证本场培育的处女王与种用雄蜂交尾。

6. 介绍新蜂王

在引入新蜂王之前，须提前1天检查蜂群，将原群蜂王取出，若箱内有王台，应清理干净，第2天将新王或者成熟王台引入蜂群。对于购买的新王，可先放走饲喂蜂，然后将邮寄王笼置于无王群相邻两脾中间，3天后无工蜂围困王笼时，再放出蜂王。若有多余蜂王，可用蜂王存储盒将蜂王关在笼子里放在一个无王群暂时存放（图2-27）。

图2-23　提脾

图2-24　即将出房的处女王

图2-25　处女王出房

图2-26　处女王的空中交尾

图2-27　蜂王存储盒

第十一节　人工分群

　　人工分群就是利用蜂群具有自然分蜂的特性，根据生产需要人为地将一群蜜蜂分为两群或数群。

1. 均等分群法

　　把一群蜂的蜜蜂和子脾（蛹、幼虫和卵）分为大致相等的两群。其中一群的蜂王为原来的老王，另一群的蜂王是分蜂后诱入的新产卵王。采用均等分群的原群，应在10脾以上，分群后，如蜜、粉源缺乏，应补喂蜂蜜和花粉，诱入蜂王必须是产好卵的蜂王，不能用王台或处女王。

　　具体做法是：把蜂群向左（或右）挪开一个箱位，然后在原群的左侧（或右侧）摆放一个干净的空蜂箱，接着把原群里的子脾、蜜脾、粉脾连同蜜蜂提出一半放到空蜂箱里去，蜂王留在原群或提到新箱里均可，随即给无王群作个标记。经过1天后，无王群出现失王情绪后，便可诱入一只优质产卵的新蜂王。

　　原群分为两群后，由于外勤蜂回来时，在原箱位找不到蜂箱，就会随机进入左右两个蜂箱。如果发现外勤蜂偏集在某一群内，可把该箱再移开一些，把另一箱向原群位置靠近一些，尽可能让两群蜂的外勤蜂数量相等。

均等分群法的优点是原群虽然一分为二，但两群还有各种日龄的工蜂、卵、幼虫和封盖子脾，蜜、粉脾也差不多，蜂群结构仍保持正常状态，发展强群比较容易。缺点是一个强群分开后变成两个弱群，生产能力减弱。因此，为了达到增产的目的，分蜂应在大蜜源到来的前40～50天进行，经过一个多月的繁殖，可以发展成为较强的生产群势。

2. 非均等分群法

把一群分为不相等的两群，其中一群仍保持强群，另一群为小群，将老王留在强群内，给小群诱入一只产卵王。也可诱入一个成熟王台，或一只处女王。

具体做法是：从一个达12框以上的强群里提出3～4张老封盖子脾和蜜、粉脾，并带有以青、幼年蜂为主的2～3框蜜蜂，放入一个空箱内，组成一个无王的小群，搬离原群较远的地方，缩小巢门，过1天之后，诱入一优质产卵王或成熟王台，或处女王即可。分出后第二天，应进行一次检查，如发现因老蜂飞回原群而蜂量不足，可从原群抽调部分幼蜂补充。

补蜂时，应注意下面几点：①给小群补蜂应分几次进行，1次只能补1～2张子脾，第一次从原群提带幼蜂的老封盖子脾，第二次可从任何一群内提老封盖子脾，抖去蜂补入小群，但一定不要把蜂王带入小群内；②外界蜜源缺乏时，易发生盗蜂，补蜂宜在傍晚进行；③从强群提调带幼蜂的老蛹脾，提出量要适当，以不影响该群的生产力为原则，宁少勿多。

非均等分蜂法的优点是既能增加蜂群的数量，又无降低原群生产能力的危险。尤其是被提调蜂、脾的蜂群，由于幼蜂减少，可以预防强群产生分蜂热。缺点是补蜂工作量较大，如果分出的小群数量大，蜜源到来时，还发展不起来，影响生产力。

3. 一群分出多群

为了育王的需要，将一个强群分为若干小群，每群2～3脾，有一张蜜、粉脾和1～2张子脾。保留着老王的原群留在原址，其他小群诱入一只处女王或成熟王台，待处女王交尾成功后，就成为独立的蜂群。如蜂王交尾产卵后，需提出介绍入其他群内，还可继续补蜂，再介绍一个王台。如不需继续育王，可合并于他群之中。

4．多群分出一群

选择晴天蜜蜂出巢采集高峰，分别从超过10框蜂或7框子的蜂群中，各抽出1～2张带幼蜂的子脾，合并到1只空箱中。第2天将巢脾靠拢，调整蜂路，介绍新蜂王。

第三章　蜂群的夏季管理

夏季蜂群进入强盛阶段，抗病性增强，是蜂场生产的黄金时期。但夏季高温、高湿、生产活动集中，给蜂群的健康造成不利影响。因而在蜂群管理过程中必须积极防病，保证蜂群健康，维持强群，这样才能保障蜂产品优质高产，取得较好的经济效益。本阶段蜂群管理要注意为蜂群降温，保持蜂群食料充足，及时更换劣王，并注意预防敌害与农药中毒。夏季蜂群的管理，要根据各地的气候和蜜源情况而定。

第一节　有主要蜜源地区的夏季管理

夏季华北地区的蜜粉源丰富，是蜂群的主要产蜜和产浆季节。5～8月，华北蜜源刺槐、枣树、板栗、荆条、芝麻、党参、向日葵、棉花、乌桕、草木樨、椴树等相继开花，蜜粉充足。在主要蜜源植物开花期，蜂群管理除及时更换蜂王，进行分蜂、造脾、采蜜、生产蜂王浆等以外，还须做好防暑、防害、防饥、防农药中毒的工作。

1. 防暑

入夏后气温上升很快，白天有时气温高达37～42℃，需要给蜂群创造适宜的越夏环境。炎热的中午，在日光照射下，蜂箱表面的温度比外界气温高出10℃左右。因此，蜂箱不宜直接暴晒在日光下，更忌午后西向的日照。若忽视遮阳工作，会使蜜蜂离脾，严重时会造成蜂脾溶化、巢脾毁坠，卵虫干枯，幼虫及封盖蜂子伤热、死亡，新蜂卷翅，甚至全群毁灭等惨状。

因此必须将蜂箱置于树荫之下，或搭棚遮阴，或在箱盖上加遮阴器具（图3-1～图3-4），千万不可把蜂箱放在阳下暴晒（图3-5）。同时在巢门外置喂水器，喂水或淡盐水（含盐量0.3%），帮助降温，也可避免蜜蜂因采不清洁水导致传染病的发生。必要时在1/2纱副盖上覆湿毛巾，以及在巢箱外部喷水，以降低箱内的温度。要开大巢门，以利蜜蜂振翅扇风降温，以保证巢内温度恒定在35℃。

图3-1　蜂群防晒遮阴（一）

图3-2　蜂群防晒遮阴（二）

图3-3　蜂场简易遮阴

图3-4　国外防晒蜂箱

2. 防敌害

夏季蜜蜂的主要敌害有胡蜂（图3-6）、蛤蟆、蜘蛛、蚂蚁等，山区以胡蜂为多，潮湿地区以蛤蟆为多。可将蜂箱垫高10～15厘米

（图3-1、图3-7），以防蛤蟆，并经常捕捉胡蜂、蛤蟆等。夏季应根据具体情况，适当治螨，但每次治螨都会影响王浆产量。

图3-5　烈日暴晒下的蜂群

图3-6　胡蜂

图3-7　蜂箱支架

3. 防农药中毒

棉花等夏季蜜源，近几年来由于农业上施用大量农药除虫，蜜蜂采集时伤亡惨重。采棉花蜜的蜂群，群势削弱很快，有的全群覆灭。此外，在春季油菜花期，由于此时也是小麦蚜虫防治时期，蜜蜂中毒也十分严重。6月，工蜂常集中在连片的西瓜、甜瓜上采集。6~7月，正是不同成熟期的早稻扬花散粉、药杀防虫交叉进行的阶段。直接药杀、水源和环境污染，易使采集蜂中毒，大批死亡。

农作物病虫害猖獗，农民喷施各种农药防治病虫害是难免的事，为了减少农药对蜂群的毒害，养蜂人员应主动与施药人员加强联系，以便作好防范准备。遇到大规模喷药前，应把蜂场及时搬到另外一个场地放养，或者转移到3千米以外的地方去躲避，过几天再返回。对发生中毒的蜂群，应把有毒的蜜、粉脾清除，及时补喂优质饲料，同时用甘草糖水或绿豆糖水喂蜂。如是有机磷农药中毒，可用0.05%～0.1%的阿托品或0.1%～0.2%的解磷定溶液搅匀后进行喷脾。如是有机氯农药中毒可用甘草100克、金银花50克、绿豆100克，加水2千克煎汁喷脾，同时加喂糖浆，以增加中毒蜜蜂的抗药力。

4．蜂群的生产管理

主要蜜源花期蜂群管理，应根据不同蜜源植物的泌蜜特点以及花期的气候和蜂群的状况，采取具体措施。流蜜期蜂群一般的管理原则是：维持强群，控制分蜂热，保持蜂群旺盛的采集积极性；减轻巢内负担，加强采蜜力量，为蜂群创造良好的采酿蜜环境；努力提高蜂蜜的质量和产量。此外，还应兼顾流蜜期后下一个阶段的蜂群管理。

主要蜜源花期群势下降很快，往往在流蜜阶段后期或流蜜结束时后继无蜂，直接影响下一个阶段的蜂群的恢复发展、生产或越夏越冬。如果流蜜阶段采取加强蜂群发展的措施，又会使蜂群中蜂子哺育负担过重，影响蜂蜜生产。在流蜜阶段，蜂群的发展和蜂蜜生产是一对矛盾体，解决这一矛盾可采取主副群的组织和管理，即组织群势强的主群生产和群势较弱的副群恢复和发展。在流蜜期中，一般用强群、新王群、单王群取蜜，用弱群、老王群、双王群恢复和发展。

流蜜阶段的取蜜原则应为初期早取、盛期取尽、后期稳取。流蜜初期尽早取蜜能够刺激蜂群采蜜的积极性，也有利于抑制分蜂热；流蜜盛期应及时全部取出贮蜜区的成熟蜜，但是应适当保留子区的贮蜜，以防天气突然变化，出现蜂群拔子现象；流蜜后期要稳取，不能将所有蜜脾都取尽，以防蜜源突然中断，造成巢内饲料不足和引发盗蜂。在越冬前的流蜜阶段还应贮备足够的优质封盖蜜脾（图3-8），以作为蜂群的越冬饲料。

流蜜阶段初、盛期应控制分蜂热，以保持蜂群处于积极的工作状态。在流蜜期，应每隔5~7天全面检查一次育子区，一旦发现王台和台基就全部毁除。在流蜜阶段需要兼顾群势增长的蜂群，还需把育子区中被蜂蜜占满的巢脾提到贮蜜区，在育子区另加空脾供蜂王产卵。流蜜阶段后期泌蜜量减少，而蜂群的采集冲动仍很强烈，使蜂群的盗性增强。因此，在流蜜后期应留足饲料、填塞继缝、缩小巢门、合并调整蜂群和无王群，还要减少开箱，慎重进行取蜜操作。

　　在长江中下游地区，乌桕树（图3-9）一般在6月10号左右开花，乌桕花期蜜粉充足，有利于蜜蜂繁殖，可根据情况适时取蜜。但一般不要脱花粉，因为荆条后期缺粉。荆条花（图3-10）一般在6月20号左右开始流蜜，中期与乌桕花期重叠，主流蜜期在6月下旬至7月下旬。荆条花期长，流蜜量大，是蜂蜜、蜂王浆丰产的时期。荆条流蜜期蜜蜂天敌逐渐增多，山区多胡蜂、蜘蛛等天敌。这时也是农民对水稻使用农药的高峰期。因此蜜蜂群势下降较快，王浆产量也随之下降。到7月下旬，蜂场周围若无芝麻等辅助蜜粉源，就应该考虑转场地，或停止取浆取蜜，为蜂群留足饲料。在没有蜜源的地方，或者采完一个蜜源，第二个蜜源植物还没有开始采集的一段时间，要注意补饲糖浆和喂饲花粉以防饥饿。

图3-8　全封盖蜜脾

图3-9　乌桕树

图3-10　荆条花

第二节　只有辅助蜜源地区的夏季管理

为了能保持强群越夏，箱内应留足饲料，更换产卵差的老蜂王，对弱群要进行合并，或者组成双王群，还要做好防暑、防敌害等工作。此外，采用强群和新分群互换巢脾来调整群势的方法，即把新分群已产满卵的巢脾或者连同幼虫脾（哺育能力不足的话），调到强群中去哺育，同时，把强群中已出房60%的老封盖子脾补充给新分群，以充分发挥强群的哺育力和新分群蜂王的产卵力，促使蜂群迅速强壮，为秋季产蜜和繁殖打下坚实的基础。

调节好各巢箱内的温度和湿度是维持蜂群的强大群势的一项关键性措施。随着外界气温不断上升，大量工蜂会外出采水和扇风来调节巢内的温湿度，就会出现蜜蜂离脾、蜂王停止产卵、卵不孵化及大量出房的新蜂爬出箱外死亡，群势大幅度下降，王浆产量减少，甚至停止产浆，工蜂寿命缩短，以致造成蜂群秋衰。解决这个问题的方法是，当气温升高到35℃以上，尤其是中午太阳直射，继箱中的蜜蜂受高温影响明显地向下部巢箱集结时，应保证蜂群有通风和遮阴的条件，并在纱副盖上加盖1~2块浸透清水的麻袋布。当外界气温在33~37℃时，每天将麻袋布浸湿1~2次，时间约在上午9时一次，下午3时一次。气温更高时，每天浸湿3次，即在午后1时增加一次。三次之中，最好有一次是在插入采浆框前20分钟。一般加湿20分钟后，就可明显地看到大量工蜂上升到继箱，在采浆框空隙和纱副盖之间集结，并积极担负起泌浆工作，提高采浆框幼虫的接受率，使王浆增产。同时还减少了工蜂大量采水的负担，有利于对幼虫的哺育，延长了工蜂的寿命。

第三节　无蜜源地区的夏季管理

在南方，越冬容易，越夏难。5月中旬后，在春季主要蜜源花期相继结束，除大转地养蜂外，一般定地养蜂的蜂群进入了越夏的缺蜜期，时间大致从5月中旬到8月中旬，约三个月。此期外界气温高，蜜粉源缺乏，敌害严重，这时候蜂王会自动停卵或产卵量低于每天500粒，新蜂出房少，群势也逐渐下降，这时是一年中蜂群管理的困难时期，稍有疏忽，蜂群将很快下降，进而影响秋季生产。所以蜂群越夏管理的目标是减少蜂群的消耗，保持蜂群的有生力量，为秋季蜂群的恢复发展打好基础。

新王的产卵力强，生殖力旺盛，所以在越夏前可用优良的新王将老王替换，减少群势骤降的风险，培育强群增强抵抗不良环境的能力。换王可在龙眼流蜜期结束之后，乌柏树流蜜期间完成。饲料是蜜蜂越夏的重要条件，每蜂箱一定要留足5~8千克越夏蜜。应在油菜、紫云英或乌柏花期，注意留足蜜粉脾，在开始出现缺蜜、缺粉迹象以前就要加入巢箱，及时防止群内出现蜜、粉不足的现象，以维持蜂王适量产卵，减少工蜂在酷热条件下的采集消耗。同时要加强喂水，注意遮阴增湿，预防病害，有条件的可在冷库存蜂，也可转地到海滨、山林中越夏。在高温季节中对蜂群的管理要细致，原则上是多观察、少检查，减少对蜂群的惊扰。

第四章 蜂群的秋季管理

　　进入秋季以后，外界蜜源逐渐减少，蜂群管理由蜂王浆、蜂蜜等蜂产品生产逐步转向蜂群越冬准备，特别是转地养蜂户，从9月开始，陆续从外地回转，准备蜂群的越冬。利用一年中最后一个花期繁殖大量的健康越冬蜂，准备足越冬饲料是秋季管理的主要目的。秋季的蜂群管理至关重要，直接影响着第二年蜂群的发展和蜂产品的质量，所以养蜂者常把秋季作为一年养蜂的开始。

　　蜂群的秋繁期一般始于当地一年中的最后一个花期，秋繁时间南北方有一定的差异。华北及西北地区缺乏秋末蜜源的地方，秋繁一般在8月下旬至9月；东北三省一般在8月；长江中下游地区一般在9月至10月；有零星蜜源的长江以南地区，越冬蜂繁殖一般在10月至11月。秋繁需要21~30天，一般以21天为好。为确保该阶段繁殖出量多、质优的越冬蜂，入秋后，必须加强蜜蜂健康保护和饲养管理工作。工作内容包括更换蜂王，防治蜂螨，紧脾奖饲，防止盗蜂和胡蜂的危害，调节巢温，及时断子，留足越冬饲料等。

第一节　蜂王的更换

　　老劣蜂王产子少、冬季死亡率高，因此在培育越冬蜂之前，必须在初秋培育一批优良健壮的新蜂王，更换掉老劣蜂王或作为储备蜂王，这样一方面可以保证第二年春繁时有优质蜂王，另一方面可以保证用新王培育越冬适龄蜂。一般云南在荞麦、蓝花子花期，湖北在五倍子（图4-1）花期，河南在芝麻花期，华北在荆条花期，东北在椴树、筈条花期，蜜、粉均丰富，培育出的蜂王质量好。因此，应抓住这一时机，培育一批优质蜂王，换去老劣蜂，以秋王越冬，产卵力强，有利于早春繁殖。

图4-1　长有五倍子的盐肤木

换王前必须对全场蜂王进行一次鉴定，分批更换。更换蜂王时，先要把淘汰蜂王取出，无王蜂群要把王台毁除干净后再诱入蜂王。诱入蜂王前两天最好对被诱入蜂群进行奖励饲喂，诱入蜂王后不要急于开箱检查。最好采用间接诱入法，把蜂王和数只幼蜂放入蜂王诱入器（图4-2）内，

图4-2　蜂王诱入器

放在子脾上有些蜜的地方，过 2 ~ 3 天后，没有蜜蜂紧围器外，并有蜜蜂饲喂蜂王，就可把蜂王放出。对换掉的蜂王，可带一脾蜂组成小群进行繁殖，培育一批越冬蜂，到扣王停产时再淘汰，将小群并入越冬群。储备蜂王的方法为把蜂王关在王笼中，每笼 1 只，置于强群结团蜂巢中央越冬。注意勿让王笼置于蜂团外面，防止蜂王被冻死。

第二节　适龄越冬蜂的培育

在秋末羽化出房，经过排泄飞行，但尚未参与采集活动的蜜蜂，既保持了生理青春，又能忍受越冬时长期困在巢内生活的工蜂，称为越冬适龄蜂。这些幼蜂由于没有参加过采集酿蜜和哺育工作，它们的各种腺体保持着初期发育状态，经过越冬以后仍具有哺育能力，所以是翌春蜂群繁殖的基础。本阶段的工作重心，已由强盛阶段的生产为主转移到繁殖为主。为了能培育出数量多、质量好的越冬蜂，此时要停止王浆的生产，运用春繁的一些措施和管理办法培育越冬适龄蜂，在管理上必须采取相应的有效措施。

越冬蜂群强弱，尤其是越冬适龄蜂的多少，对于蜂群能否安全越冬和下一年生产的影响很大。羽化出房的幼蜂，后肠里积有粪便，只有在飞行时才能排泄掉。如果在秋季出房后没有来得及排泄，它们就不能安全越冬，还会影响整个蜂群越冬。因此，在培育越冬蜂时，到了一定的时候要迫使蜂王停止产卵。例如，在西北地区，蜂王停止产卵的时间，宜在 9 月中下旬，使最后一批幼蜂能在 10 月中旬全部出房，以便它们在越冬前来得及飞翔排泄。在浙江，蜂群在 11 月中旬至 12 月上旬应迫使蜂王停产，这样出房的新蜂在晴天都能飞出排泄。

培育适龄越冬工蜂的时间，要根据当地的蜜源和气候条件而定。蜜、粉源条件是培育适龄越冬蜂的物质基础。云南省应在荞麦花期开始，就要着手进行，注意蜂箱的防湿、保温，紧缩蜂巢，做到蜂脾相称。用新王产卵，一方面生产部分蜂王浆，另一方面培育一大批野坝子花期的采集蜂。进入野坝子花期的，视流蜜和天气情况而定。如果流蜜好，天气好，应主要生产优质冬蜜；如果流蜜差，天气不好，就应以保蜂为主，加强夜间保温，抽出多余空脾，做到蜂脾相称。如饲料不足，应补充饲喂，尽量保持一定群势，培育羽化出一批新蜂，进入越冬期。

本阶段处于秋末，气温渐低，且白天和夜间温差较大，夜间气温常降到10℃以下。低温对蜂群繁殖不利，如若蜂群护子不佳，繁育出的越冬蜂健康状况就会受到影响，尤其对较弱的蜂群来说，保温工作更为重要。深秋繁蜂，巢门对巢温的调节作用很大，晴暖的中午，气温常可在20℃以上，要适当扩大巢门，以利通风，而傍晚就应缩小巢门，以利于蜂群保温。

第三节　越冬饲料的贮备

越冬饲料的质量和数量，直接影响蜜蜂的安全过冬。全年最后一个采蜜期，要为蜂群越冬准备足够的蜜脾，以避免临到越冬时给蜂群饲喂糖量过大，增加工蜂的工作负担，导致其早衰。选留蜜脾的方法是当地最后一个大蜜源流蜜时，选留脾面平整、无雄蜂房、繁殖过几代蜂的优质巢脾，贮满蜜放在蜂巢的边上，让其封盖，然后提出来放在室内空蜂箱中，待需要时加入蜂群。留蜜脾的数量按越冬期的长短来确定，在北方越冬的蜂群每框蜂留一框蜜脾，严寒地区每框蜂留1.5框蜜脾，在南方繁殖的每框蜂留0.5~1框蜜脾。此外，还要留些角蜜。除蜜脾外还须为蜂群储备粉脾，以备越冬后繁殖蜂群用。在北方繁殖的每群蜂需要留2~2.5框粉脾，在南方繁殖的每框蜂留1.5~2框粉脾。对这些保存的蜜脾和粉脾应妥善消毒保管，同时注意防止巢虫。

当培育越冬蜂的阶段基本结束时，检查蜂群中的饲料情况，巢内留蜜不够的就要加紧喂足。喂越冬饲料之前，要将多余巢脾全部抽出，按越冬所需巢脾数量留脾，此时蜂多于脾。用蜂蜜饲喂时，加5%~10%的水，用温火化即可。或者用糖水，另加酒石酸或柠檬酸，使其含量约为千分之一，这样有利于蔗糖转为葡萄糖和果糖。喂蜂要在傍晚工蜂停止活动后进行，饲喂量以蜂群一夜搬完为宜。饲喂要集中3~4天喂完，时间不宜过长。饲喂过程中注意不要将蜜或糖浆滴于箱外，防止发生盗蜂。用糖水喂蜂时，应在最后一批封盖子脾出房前10天结束，使新出房的工蜂不参加酿蜜工作。

越冬饲料的质量与蜂群安全越冬关系很大。优质的蜂蜜，大部分被蜜蜂消化吸收，后肠积粪少，有利于蜜蜂越冬。如果饲料质量差，不被蜜蜂消化的物质多，后肠积粪多，过多的粪便使蜜蜂不安，不能很好结团。严重时还会导致蜜蜂下痢，使蜂群不能顺利越冬。因此，蜂群补喂越冬饲料，应为不易结晶的优质洁净蜂蜜，或优质白砂糖。越冬饲料中要非常注意不要含有甘露蜜等不利于越冬的劣质饲料，更不能用红糖、饴糖等作为越冬饲料。

第四节　盗蜂的预防和处理方法

秋季蜜源终止时，常易发生盗蜂，还易发生胡蜂危害。一旦发生盗蜂或胡蜂危害，蜂群会造成很大损伤。盗蜂还易传播蜜蜂疾病，饲养管理上应将蜂群巢门缩小。喂饲、检查蜂群等工作应早晚进行，并注意不要将糖汁或蜜水滴于箱外，尤其带蜜的巢脾和盛蜜容器等要妥善保存，勿使蜜蜂接触到，以免引起盗蜂。容易发生胡蜂

图4-3　胡蜂侵袭中蜂群

危害的地区，每天在盗蜂易出入的时间，要注意到蜂场观察、扑打巢门前出现的胡蜂（图4-3）。

第五节　适时断子

当秋繁蜂群繁殖到5～6张子脾，发现蜂王产卵速度开始下降，头一批蜂子出房时，就应采取适当措施，使蜂王停止产卵。如果对蜂王产卵不加以限制，不仅增加饲料消耗量，更主要的是，一旦新出房的工蜂参加了幼虫的哺育工作，便降低了其越冬价值。管理上应尽量保证大批集中出房的越冬蜂，不要参与饲喂幼虫的工作，充分保证其生理的年青状态，这样才能保证越冬蜂的安全健康。

控制蜂王产卵可采用囚王笼将蜂王囚禁（图2-8），使其停止产卵。也可在秋繁后期，开始以蜜粉充塞巢房，压缩蜂群产卵圈，甚至可用蜂蜜或糖水浇灌已产上少量卵的巢房，让蜂王无产卵空间。也可将蜂群搬到阴凉处，巢门朝北，蜂路扩大到15～20毫米，创造蜂王提早断子，蜂群结团的环境。

囚王后有利于治螨和换脾，能提高越冬蜂质量，还可让蜂王休养生息。但也有人认为囚王越冬得不偿失，原因有以下几点：①囚王后限制了蜂王活动，一旦寒潮侵袭，王笼离团，可能导致蜂王冻死；②囚王容易放王难，由于蜂王被迫停卵多天，放出后不能立即产卵，需要恢复一段时间，而工蜂哺育欲望很强，可能产生围王现象；③根据一些养蜂者的经验，如果新产卵王囚禁过久，会影响到其以后的产卵力。

第六节　蜂螨的秋季防治

秋季蜂群群势下降，子脾逐渐减少，因此蜂螨寄生于每个封盖子房中的密度增加，蜂体寄生率相对上升，尤其是小蜂螨危害更为猖獗。本阶段初期繁殖的蜜蜂，是越冬蜂的哺育蜂，其身上的蜂螨必然要转寄到越冬蜂身上，如果越冬蜂的蜂螨寄生率高，蜂群越冬不安静，死亡率高，来年螨情发展快，对春繁不利。因此，秋季治螨务必彻底。

秋季治螨分为两步，第一步在秋季育王时进行，要组织交尾群时，把蜂群内的全部封盖子脾提出，然后于当晚或次日就开始治螨，可用杀螨药剂水剂，喷雾蜂体治螨，隔1天1次，连续2～3次。待新群子脾出房后，再对新群进行治疗。第二步，在蜂群囚王断子后进行治螨。目前比较简单的治螨方法是，在蜂群巢门口的巢脾蜂路间及继箱上的巢脾蜂路间各挂一片长效螨扑片，即起到秋季治螨的良好效果。如蜂群群势不强，无继箱，只需在巢箱内挂一片螨扑片即可。如蜂场继续从事蜂产品生产活动，则不能治螨。

治螨前应先喂蜜，以增强蜜蜂抵抗力，同时蜜蜂食蜜后腹部伸长，躲在腹部节间膜里的蜂螨会暴露出来。此外，在蜂群无子情况下，用药治螨可能使蜂王停产，影响越冬蜂培育。因此，在人为断子前蜂群中必须留虫、卵脾，以刺激工蜂继续工作，提高蜂王产卵的积极性，并有利于保持蜂群中各龄蜂的比例。

第七节　茶花期的蜂群管理

茶花种植面积广，花期长，茶花粉是培育越冬蜂的优良粉源，但茶花蜜却会引起幼虫和成蜂中毒，造成烂子。茶花是全年最后的一个蜜粉源，一旦至关重要的越冬适龄蜂的子脾烂掉，就会造成重大损失。因此，要认真做好以防止茶花烂子为中心的管理工作，充分利用宝贵的茶花花粉来培育越冬蜂和贮备花粉脾。

1．培育采集蜂

在采茶花粉之前应培育足够的采集蜂。在芝麻等上一个蜜源初中期要造新脾供蜂王产卵。把造好的新脾放入巢箱内，再把老脾调到继箱中，以便后期处理。每箱蜂可造2～3个新脾供蜂王产卵，这时巢箱内的子脾应保持不超过6脾。到芝麻花后期，可根据蜂群情况把继箱上的老脾撤掉。等到新脾上工蜂出房，蜂群繁殖成强群，茶花期就能获得花粉、王浆高产。

在荞麦蜜源结束后，转地到茶花区的蜂场容易起盗。防止起盗的方法是：在转运前的几天，把箱内的荞麦蜜全部摇出来，使巢房里的蜜都清理干净。第二天开始饲喂糖水，饲喂两天后再装车转运。这样箱内的荞麦蜜气味已经散去，蜂群到新场地后就不会起盗。

2．防止茶花烂子

蜜蜂采茶花烂子的主要原因是茶花蜜含有不适合幼虫消化的物质，幼虫食后会引起消化不良而死亡。为此，在茶花流蜜期采用冲淡茶蜜浓度、减少进蜜数量、喂食药物等方法减轻或防止中毒。

在茶花进蜜时，每晚每个继箱群喂饲料0.5千克左右，如果天气晴好，进蜜多，就要相应增加喂饲量。用冲淡茶蜜浓度的办法来减少不易消化的物质，原则是进蜜越多，饲喂越多。每天喂饲要分2次进行，即进蜜开始和傍晚各喂一次。雨天或下霜后可以不喂或少喂。也可以饲喂含米醋或柠檬酸的饲料，在每50千克糖水加入1～1.5千克的米醋或柠檬酸。米醋是指用大米做的醋，不能用化学醋（即白醋）。要及时摇出巢内茶花蜜，尽量减少积存。在茶花流蜜期结束，必须摇出全部茶花蜜，另喂优质白砂糖或蜂蜜，也可用预留的蜜脾调出茶花蜜脾，绝不能用茶花蜜作越冬饲料，否则越冬期会出现大肚病。另外，放蜂场地应选择既有茶花又有山花或其他蜜源的地方，使蜜蜂采集多种粉蜜，而减少蜂巢中的茶蜜成分。

3. 多采花粉

茶花期蜂群会粉蜜压卵圈，导致巢中卵虫少，蜜蜂采集的茶花蜜集中喂少量幼虫，以致中毒严重，因此要用脱粉器，多生产茶花粉。一般用孔径为4.3毫米的脱粉器（图1-53），脱粉多，巢内花粉少。但由于孔径小，会使蜂身体受伤，影响工蜂寿命。部分蜂场初期以孔径4.3毫米脱粉器多脱花粉，中后期改用4.7毫米脱粉器适量脱花粉，做到少伤蜂，蜂巢内有适量的花粉供繁殖需要，蜜蜂采粉积极，花粉总产量高。

4. 主副群繁殖

利用了茶花蜜源，延长了产浆时间，增加了经济收益，但也占去了秋繁的时间，打破了原来的生产模式。管理上要进行妥当地安排，使产浆与秋繁相结合，以弥补秋繁时间之不足。在茶花期可采用10框蜂为主群和2框蜂为副群的主副群繁殖，操作方法是主群加继箱按上6下5排列。巢箱里放出房封盖子脾、空脾、蜜粉脾、卵脾，继箱里放虫脾、蜜粉脾，浆框插在虫脾和蜜粉脾之间，蜂王用继箱隔王板限制在巢箱内繁殖。每隔4～6天，调整幼虫脾一次，从副群巢箱抽出刚孵化的虫脾换继箱中的出房封盖子脾或空脾，间隔期不要超过6天，以免幼虫过大发生烂子。使用这种先以副群补主群、后以主群扶副群的饲养方法，茶花期强群可以多产王浆，副群可以多产子，避免蜜粉压子圈和烂子。蜜蜂新采的茶花蜜不喜储放继箱的巢脾上，而储放在巢箱中进巢门的巢脾巢房里，因此，进巢门的幼虫先烂子，巢箱里不放虫脾，继箱里放虫脾，在继箱喂糖浆，使继箱中的幼虫少食茶花蜜，不中毒或少中毒。

因茶花期天气干燥，这个时期繁殖与春季相反，春繁蜂巢要防潮湿，而茶花期繁殖蜂巢要补湿。若幼虫出现不饱满现象，可将稻草浸湿，放在箱内隔板外补湿。

5．适时育王、囚王培育越冬蜂

茶花期培育适龄越冬蜂的关键措施是适时育王、囚王。长江中下游地区，最佳适龄越冬蜂是茶花期11月初至12月上旬蜂王产的卵，此时气候适宜、蜜粉丰富，幼虫营养充足，先天发育良好。新蜂出房时，巢内已断子，并留足优质的蜜粉饲料，它们吃足蜜粉，不需哺育、酿造，未经过采集活动又进行飞翔排泄，因而度过一个多月的越冬期，到次年开始繁殖时，虽是越冬蜂，却哺育力强，为春繁奠定基础。10月初，茶花开始流蜜吐粉，并有山花开花，外界气候适宜，巢内蜜粉充足，这时可开始育王，到10月底交尾成功后，11月初开始产卵，到12月上旬囚王停产。应注意让蜂王逐渐停产，慢慢适应囚王生活，以避免因蜂王在旺产时立即用王笼囚王所造成的生殖障碍。可在11月底有意让粉蜜压子圈，促王缩腹少产。

第五章 蜂群的冬季管理

第一节 越冬期蜂群的内部状况

从蜂群断子后，直到来年春天蜂群散团、排泄飞翔并开始繁殖，称为越冬阶段。蜂群的越冬期，南北方差异较大。华南地区蜂群没有越冬期，只有越夏期。长江流域以南地区，采茶花的蜂群，越冬期只有1~2个月，不采茶花的蜂群越冬期3~4个月。华北、东北、西北地区蜂群越冬期长达6个月以上。因此，蜂群越冬要根据不同地区、不同自然条件和蜂群状况，因地制宜灵活采取管理措施。

越冬的主要任务都是设法保证蜂群健康，延长工蜂的寿命，降低越冬蜂的死亡率，减少饲料消耗，给次年春繁创造有利条件。此期蜂群管理的主要工作是抓紧晴天治螨、淘汰劣王、合并弱群，合理布置越冬蜂巢，选好室外越冬场地，因地、因时制宜保温，注意观察蜂群、加强管理等。为确保蜂群越冬安全，降低死亡率及饲料消耗量，在我国东北和西北等严寒地区，及冬季温度偏高的南方地区，室外越冬存在较严重不安全因素的地区，常采用室内越冬，都能取得理想的蜜蜂保护效果。

第二节 越冬蜂群的基本条件

为了安全越冬，蜂群必须具有优良的蜂王，强健的适龄越冬蜂，群势在北方不少于6框蜂，在南方不少于4框蜂；具有充足的优质饲料，如按每框蜂计算，越冬期在2个月左右的饲料不少于2千克，在2~4个月的不少于2.5千克，在4个月以上的不少于3千克；进行过彻底的治螨；选择适宜的越冬场所，进行合理的包装。越冬蜂的巢脾不宜过新过旧，应是浅褐色的巢脾。一般越冬蜂群是蜂少于脾的，如4框蜂放5~6框脾，但也有地方户外越冬蜂多于脾。蜂少于脾的做法有利于减少蜜蜂活动，降低消耗，蜂王早断子，延长越冬蜂寿命；蜂多于脾的做法可改善保温状态，降低巢内湿度和蜂蜜消耗。

　　蜂群安全越冬，适宜的温湿度是非常关键的。一般蜂箱内的温度保持在1~4℃为宜。温度过高蜂群活动量大，食量和粪便都将增加，长期下去，体力消耗过大，形成早衰，甚至要发生死亡；温度过低也会使蜂群加强活动，造成下痢和死亡。冬季蜂箱内的相对湿度应保持在75%左右为宜。冬季蜂箱的震动和箱内的光亮会扰乱蜂群的生活，可使蜂群食量增加，肠内的积便增多，影响寿命，与蜂群不利，所以冬季应尽量少开箱，减少震动。

第三节　越冬蜂巢的布置

　　冬季气候严寒，天气变化快，昼夜温差也很大，当外界气温低于5℃时，所有的蜜蜂都在靠近巢门的位置集结成团。这时表层蜜蜂结成2.5~5厘米厚度不等的保温外壳，并钻入饲料储备区的空巢房里，与这些巢房紧合，从而形成与保温外壳的统一整体。蜂团依靠吃蜜、运动产热，维持其外围气温在6~8℃之间，蜂团中心在13℃以上。蜂团外围的蜜蜂和团心的蜜蜂不断交换，使之不会冻僵脱离蜂团。整个蜂团随着贮蜜的消耗先向上，再向后逐渐移动。食物靠蜜蜂相互传递供给。根据越冬蜂团的这一习性，蜂巢布置要大蜜脾在外，半蜜脾在中心，对准巢门，蜂路适当放宽，在14毫米左右，让蜂团集结于中间偏下方。

　　双王群越冬的，把两群的半蜜脾分别放在靠近闸板处，整蜜脾放在半蜜脾的外侧，2个蜂群的蜂团会集结在闸板两边，互相保温。蜂群强壮，冬季气温又不太低而用继箱越冬的蜂群，继箱内放整蜜脾，巢箱内放半蜜脾，蜂团起初结于巢箱中下部，随着饲料消耗，蜂团向上转移，结于巢箱和继箱之间。

第四节　越冬群势的调整

老劣王越冬，蜂王死亡率高，特别是囚王越冬时，老王的死亡率更高。无王蜂群，蜂团容易躁动不安，影响越冬成功率及工蜂寿命。群势较弱的蜂群，越冬结团小，不利于保温，在严寒地区，寒潮到来时，容易被冻死。根据当地气候情况，应将弱群适当合并到适合当地气温状况的合理越冬群势。已完成培育越冬蜂的老劣蜂王，这时可以淘汰，把蜂群合并给邻群。如果老劣蜂王的蜂群势较强，可把弱群合并过来，另介绍1只新的产卵王。

并群时日不固定，因每年气候条件而异。只有当最低气温稳定在5℃以下，最高气温稳定在15℃左右，蜂群处于结团状态，无风晴天上午10时开始至下午2时为良机。一般在"小雪"前后。并群后巢箱内8~9张大蜜脾，蜂团充满巢箱，能独立越冬群二合一或三合一，非独立越冬群多合一。并群时，可手指插入脾间，一次提移三张脾，余脾放在并群的继箱上，附蜂用单根软枝条推离（蜂扫毛多，易激怒和扰飞工蜂），脾提出保存，尽量少扰飞工蜂，傍晚前没回巢的落地蜂，拾入容器，集中送回箱内。当最低气温低于0℃时，加盖覆布，低于-5℃时再加棉垫，要折起一角，在蜂团上放块吸足水的海绵。蜂箱安放在终日不见阳光的荫处为最好，若放阳光处，则巢门要背阳，放成单排，上盖厚厚的遮阳物，只为隔光热，不是给蜂箱保温。在冬季晴暖天，要经常查看蜂场，发现如光照、缺水、缺饲料等诱发的空飞问题，应及时处理。

第五节　越冬蜂群的包装

越冬期间，无特殊情况，蜂群不宜开箱检查，可通过巢门观察蜂尸的特点及听测蜂群声音，了解蜂群的越冬情况。越冬后半期，老蜂死亡增多，要每隔一段时间清理一次巢门。对异常蜂群，选气温较高、晴暖的午后，做快速检查。缺乏饲料的蜂群应及时补入优质蜜脾。正在受冻饿即将死亡的蜂群，可先将蜂箱移入室温14℃以上的房内，让蜜蜂复活，然后在蜂团边上加1~2个蜜脾，第二天再放回原处包装。下雪天，巢门前要挡上草帘，防止工蜂趋光出巢冻僵。雪后及时清理巢门前积雪，防止积雪堵塞巢门。整个越冬期要经常检查巢门，调整巢门大小。温度较高的白天，适当放大巢门，傍晚和严寒天气适当缩小巢门。

图5-1　调整蜂路

图5-2　一侧放入饲喂盒

图5-3　盖上棉絮保温

1．箱内保温

越冬初期，气温不稳定，此时蜂群可不必做箱内保温，纱盖上加一草帘即可。长江以南地区，越冬中期后，大约12月中下旬后，可作箱内保温。保温方法是，将蜂脾紧缩后放在蜂巢中央（图5-1），加入饲喂盒（图5-2），然后两侧夹以隔板。两侧隔板之外，用稻草扎成小把塞填，先不要塞满，而弱群蜂箱空隙则可完全塞满，以防蜂群被冻死。纱盖上面盖6~8层报纸或棉絮（图5-3），再盖一层小草帘，有利于透气防潮，还可在没有蜂团的一侧后箱角，把纱盖上的覆布或保温物折起一小角，强群可大一些，同时强群的巢门也可开大一点，这样可防止蜂群受闷。

2．箱外包装

室外越冬的蜂场（图5-4），蜂群摆放点要注意选择地势高燥、避风、安静、向阳的场所。越冬前期，场地周围最好没有任何蜜粉源，以利于蜂群保持安静，使新出房的工蜂不会外出采集，加重工作负担。如果将蜂群摆放在整个越冬期阴冷、潮湿的地方过冬，工蜂死亡率高，且易得大肚病，越冬效果较差。冬季温度较高的地区，如果存在对蜂群安全不利因素而选择了阴处过冬，也要十分注意，在越冬后期设法将蜂群搬到向阳面。

华北寒冷地区可先在箱内塞稻草把保温，在寒冷天气，气温较稳定后，开始做箱外保温。可把蜂群2～3个一组分组包装，也可成一排包装（图5-5）。包装时先将地面平整后，铺5～10厘米厚的稻壳、锯末或是树叶等保温物，上面撒一些鼠药预防鼠害。然后铺上一层70～90厘米宽的薄膜，这样可以防潮。薄膜上接着放置5～10厘米稻草，再将蜂箱排在稻草上面，每2～6群为一组，缩小巢门，然后用塑料薄膜遮盖防雨。到天气十分寒冷后，再把箱与箱间的空隙用干草塞实，前后左右都用草帘围起来（图5-6）。

图5-4　越冬蜂群的包装

图5-5　成排包装　　　　　　　　　　图5-6　草帘围起蜂群保温

东北和西北严寒地区室外越冬，蜂群做内包装后，一般可采用浅沟越冬法，就是选择地势高燥和避风向阳的地方，挖深为20厘米、宽100厘米、长视蜂箱多少而定的长沟，挖出的土放在沟的两端。立冬前后，最低气温降至零下10℃以下时，将蜂群一箱挨一箱放入沟内。入沟前，在沟底铺一层塑料布，防止地下潮气侵入蜂箱，然后在塑料布上放10～15厘米厚的干草或锯末，将蜂箱放在上面。蜂箱后边及箱与箱间用干草填满，箱体上加盖草帘。等到气温稳定且较寒冷后，蜂箱前壁晚间覆盖草捆保温，草帘上加盖帆布，既防雪又增加保温效果。

第六节　蜂群室内越冬

室内越冬是北方高寒地区为保障冬季蜂群安全越冬常用的方法，建有专门的地上、地下或半地下越冬室等设施。近年来在长江以南有些地区也应用暗室越冬，以防止越冬期不利的因素。室内温度比较稳定，蜜蜂室内越冬节省饲料，蜂群安静，死亡率低。蜂群室内越冬不论采用什么形式，都要求越冬室进出方便，清洁卫生，调温性能好，温度适宜，能保持黑暗，通风良好。

1. 入室时间及方法

南方越冬，蜂群入室时间一般在扣王断子后1个月，新蜂已全部出房并经过试飞、排泄后。北方越冬，是在白天最高气温在0℃以下时，才把蜂群搬入越冬室内，入室时间宁晚勿早。

蜂群入室宜在傍晚进行。傍晚把巢门关闭后，轻轻将蜂群搬入室内，按一定秩序摆放蜂群，巢门朝向墙壁，放置两排。每排可放3~4层，上层为弱群，中层为一般群势，下层为强群。暗室空间大，也可以背靠背分层叠置，巢门都朝向通道，高度一般为3~4层。放蜂数量宜少不宜多，1米³不超过1箱。摆放后，待蜂群安静下来，便可打开巢门和气窗。

2．入室后的管理

越冬室温度最佳为-4~4℃。室温过高或过低都会增加蜂群对饲料蜜的消耗。当室温升高时，可打开越冬室的通气窗增加通风量，或放置排气扇增加通风量，扩大蜂群巢门。整个越冬期室温要宁冷勿热。越冬室通气孔要有防光设施，保证室内黑暗。

南方室内越冬，室温容易偏高，也应控制在6℃以下。白天关门窗保持黑暗，夜晚开门窗通风。遇到闷热天气，室温升高，蜜蜂骚动，要用电扇吹风给蜂群降温。

北方地区冬季气温较低，室温容易保持在-4~4℃，当室温降低时，要减少通风量，缩小巢门，关闭气窗。越冬前期和后期，气温较高，室温波动大，要注意通风以调整越冬室温度。

越冬室的相对湿度要保持在75%～85%，越冬室太干燥或太潮湿都不利于蜂群安全越冬。湿度过高，未封盖的蜜脾会吸水变质，影响蜂群健康。过于干燥的越冬室，同样对蜜蜂有害。干燥的空气能吸收蜂蜜中的水分，促使蜂蜜结晶，并会使蜜蜂缺水，因而过多地吃蜜，导致蜜蜂后肠积粪增多。如越冬室内干燥，可以在室内悬挂浸湿的麻袋，或向地上洒水、关闭出气孔、打开进气孔；越冬室湿度大、室温高时，要关闭进气孔，打开出气孔，甚至装排风扇，排出湿气。

蜂群入室的头几天要勤观察，当室温比较稳定后，可10天左右入室查看一次蜂群。在越冬后期，室温容易上升，要每隔2~3天观察一次蜂群，对异常蜂群应及时采取处理措施。特别是越冬后期，要注意检查越冬室不要透光，注意室内温、湿度，注意听测蜂群。在室内黑暗中，如蜜蜂飞出蜂箱，而测定室内温度不高，可能是室内太干燥。

如同时伴有蜂群骚动不安，蜂球散团，蜜蜂无精打采，但巢内还有相当的贮蜜，这是蜂群缺水的现象，应及时给蜂群喂水。发现箱底和巢门板上有很多死蜂，尸体完整，舌伸出，蜜囊没有贮蜜，监听时，蜂群响声微弱，手敲蜂箱反映小，这是蜂群饥饿的表现，要立即进行抢救性补喂。补喂的最好方法是直接加入储备的经预温的成熟蜜脾。全封盖蜜脾放入前，要用割蜜刀割去封盖蜜脾的部分蜜盖，以利于蜜蜂采食。

室内越冬后期，蜂群易出现下痢。若下痢严重，可将下痢蜂群搬于一间室温较高的房间内，摆在窗前，使正午阳光直射巢门，让蜜蜂出巢飞翔。这时检查蜂群，清除蜂箱的蜂尸和霉迹，取出玷污的巢脾，换上干净卫生的蜜脾。蜂群经排泄飞翔后，将窗口阳光挡严，只在巢门处留有一些光亮，促使蜜蜂飞回箱内，待蜜蜂安静后，把巢门关闭，将蜂群搬回越冬室。

3．蜂群出室

蜂群出室时间在我国南北差异较大，南方出室时间早，北方出室晚。一般要在晴暖无风的午后，外界最高气温达到8℃以上时进行。蜂群出室前几天，应对放蜂场地进行清扫，撒一些石灰粉进行消毒。春天气温低、冬天积雪较多的地方，箱底所垫砖块或保温物等都要准备好。出室的前一夜，可将越冬室的门窗敞开，让蜜蜂吸足新鲜空气，以免次日出室后蜂群躁动不安。蜂群由越冬室搬出时，把巢门用铁纱封上，全部搬出排列好后，再启开巢门使蜜蜂飞翔排泄。放置蜂群前应有详细的规划，蜂群一旦摆放好就不要轻易移动。

第七节　越冬蜂群的管理要点

1．秋繁时换新王

以新王越冬最关键的好处是第二年春繁时蜂王产卵旺盛，蜂群发展迅速，能较好地维持强群。换王是前提，养蜂实践中要养成经常换王的习惯，尤其是流蜜期做好生产繁殖两不误，越冬前要舍得淘汰老王（若有综合表现很好的老王可以择优保留）。同等环境下，新王比老王表现出明显的产卵优势。暮秋之际，就要着手培育出一批优质新王，换掉老王。

2．紧缩巢脾

入冬前做好紧脾措施，每群蜂一定要保持在满4脾以上，抽换老脾，缩小框距，不够满4脾的要将弱群合并，务必要做到箱内蜂多于脾，切勿贪脾、贪群。紧脾减群是为了更快地加脾增群。

3．适度保温

对蜂群切勿包裹太严实，要保持箱内透气，蜂群最需要保温的季节是春季春繁时。应根据各地气候情况选择、使用保温物，长江中下游地区，气温不是太低时将箱盖盖严实，缩小巢门即可（蜂箱必须是无缝的，盖与箱的接合处必须是密实的），巢门切勿朝北。北方严寒地区可参考上文方法做好蜂群的越冬包装。经常检查蜂群，由于冬季昼夜温差悬殊，要做到白天将巢门略开大，夜晚适当缩小。气温降低，蜂群受冻结成越冬团，不易过渡保温，以免温度过高，蜂王过早产卵，造成"春衰"。

4．及时饲喂

及时饲喂是越冬的关键，北方的冬季寒冷绵延不断，而南方的冬季冷空气一般不会持久。因此多数时日南方地区气温较高，蜜蜂采集兴致不减，有些地区越冬时间很短。要时刻注意天气预报，当冷空气来临前一天，要进行饲喂，饲料以白糖水为主。越冬后期气温较高时可根据春季蜜源的到来时间，灵活选择是否提前饲喂花粉。

5．灵活调脾

越冬后期要做好紧脾、保温、透气、饲喂。气温在17℃以上的午后，开箱检查蜂群，将中间的封盖脾或卵脾与两边的空脾位置调换，以便蜂王到中间空脾上产卵。与此同时饲喂一次1∶1蜜水，提高蜂王产卵的积极性。由于饲喂了蜂群，蜂群积极性增加，会自觉散开到巢脾上，从而护脾范围扩大。过些时日待到边脾幼蜂开始出房时，再进行调脾。如此反复，冬季群势不但不会减少，反而会日趋兴旺。在阳光普照的正午，当见到巢口有新蜂在密集试飞，便说明冬繁成功。

第六章

中蜂活框饲养技术

　　中华蜜蜂，又称中蜂，是东方蜜蜂的一个亚种，是中国独有的一个蜜蜂品种，有耐寒抗热、采蜜期长、适应性及抗螨抗病能力强、消耗饲料少、能利用零星蜜粉源等意大利蜂无法比拟的优点，非常适合我国广大山区定地饲养（图6-1）。中蜂种质资源丰富，广泛分布于我国的各省区，尤其是在我国南方和广大山区，中蜂是主要的饲养蜂种。但相当数量的中蜂至今还沿用毁脾取蜜的旧法饲养（图6-2、图6-3），这样的生产方式不但产量低，蜂蜜质量差，对蜂群本身的打击也是毁灭性的。利用饲养西方蜜蜂的活框蜂箱养中蜂，便于管理和生产，能提高蜂蜜产量和质量。中蜂经过过箱，采用活框饲养后，一般单产可提高4～5倍，高的可达10～20倍，蜂蜜质量也较好。

图6-1　中华蜜蜂

图6-2　老桶饲养的中蜂

图6-3　老式饲养的中蜂内部

第一节　中蜂过箱

中蜂过箱是将中蜂蜂群从木桶、树洞、墙洞等的固定蜂巢转移到活框蜂箱的操作技术。要进行中蜂的活框饲养，首先要将旧法饲养的蜂进行过箱。

1. 野生中蜂及分蜂团的收捕技术

中蜂自然分蜂和全群飞逃时，都会在蜂场周围的树枝或屋檐下临时结成一个大的蜂团，待侦察蜂找到新巢后，全群便远飞而去。因此，收捕蜂团应及时、迅速。否则，再次起飞后就难以收捕了。

收捕蜂团一般使用蜂笼，利用蜜蜂向上的习性进行收捕。收蜂笼是竹编的笼子，可用箩筐、草帽等代替，但不能有异味，不能透光，用前先喷糖水。蜂笼里可绑上一小块巢脾（可抹些蜂蜜）。收捕时，将蜂笼放在蜂团上方，用蜂帚或带叶的树枝，从蜂团下部轻轻扇动，催蜂进笼。待蜂团全部进笼后，再抖入准备好了的、内放巢脾的蜂箱内。如果蜂团在高大的树枝上，人无法接近时，可用长竿将蜂笼挂起，靠在蜂团的上方，待蜂团入笼后，既轻又稳地放下蜂笼。也可直接将一张带有蜂蜜的脾绑在长竿上，把脾靠在蜂团旁边，等待蜂团上脾（图6-4）。如果蜂团结在小树枝上，可轻轻锯断树枝，直接抖入箱内。待蜂群稳定后再查找蜂王，若蜂王在箱中，余下少量蜂就会自己返回蜂群，否则应再收几次，直到收到蜂王为止。中蜂蜂场有时会发生多群飞逃、一起结团现象。这时容易发生围王，这就首先要救出蜂王，然后分别收捕，放入各群内。

图6-4 收捕树上的分蜂团

收捕的蜂团一般不要放回原群，应用巢脾或巢础框组成新巢，其他蜂群如有仔脾可提入1~2脾到收捕蜂群中。收捕后第二天，如果蜜蜂出入正常，工蜂采粉归巢，说明已安定下来。过2~3天后，再检查，整理蜂巢，晚上饲喂几天，使蜂群安定，早日造好新脾。

2. 过箱的条件和时间

过箱对于蜂群是一种强迫的拆巢迁居。过箱过程中，脾、子和蜜都有一定损失，如不注意就容易飞逃。因此，过箱需要外界有丰富的蜜粉源，气候适宜，蜂有3脾以上的群势，过箱后蜂群才能很快修复巢脾，安居新巢，迅速恢复和壮大群势，投入采蜜。

各地应根据当地的蜜源和气候条件，决定中蜂过箱的时间。过早，虽然蜂群的繁殖时间长一些，但早春气候变化大，常有寒潮袭击，容易冻死幼虫，或者蜜源流蜜不好，巢内缺蜜，会造成蜂群飞逃；过晚，寒冬来临，蜂群不易很快修复巢脾，难于复壮，难以过冬。一般情况在大蜜源流蜜之前，利用辅助蜜源，适当补充饲料进行过箱，过箱后修复巢脾快，还可大量采回蜂蜜。

一般来说，春天油菜花期的后期，山区的荆条、盐肤木、山花花期之前，过箱的效果很理想，过箱后还可取一部分优质蜂蜜，取得立竿见影的效果。过箱时的适宜温度是15℃左右，以春季为宜。春季过箱应在晴天的中午进行，夏季气候炎热，应在早晚进行，也可用红布包着电筒照亮在夜间进行。

3. 过箱前的准备

准备过箱的蜂群，如在不便操作的地方，一星期前开始逐日移动至预定地点，每日移动的距离不能超过0.3米。如果一次移动的距离过大，就会造成蜜蜂混乱，误飞入其他群内，引起相互斗杀。如果准备过箱的蜂群多，过于稠密，就必须进行疏散。最好在头一年冬天，蜂群停止活动后，就把蜂桶移动，每桶之间距离3~5米。在墙洞里饲养的蜂群，如要过箱，事先应在墙洞下方钉上两根长的木条，木条上放一个托板。过箱后，将过入标准蜂箱的蜂群，放在托板上，蜜蜂活动恢复正常后，再逐日下降至地面。

过箱的工具主要有蜂箱、巢框、割蜜刀、小刀、蜜桶、竹夹（夹绑巢脾用）、麻线和硬纸板、收蜂笼（接收蜂团用）、起刮刀、埋线器、面罩、蜂刷等。有些用具可就地取材，灵活代用或自制。

过箱时需要3~4人合作才能完成。一人驱蜂、割脾；两人修脾、绑脾；一人还脾、收蜂入箱及布置新蜂巢。过箱时，要求动作迅速，整个过程不得超过30分钟。因此，人员要分工合作，所需用具应事先准备周全，过箱时才能有条不紊。

4. 过箱的方法

不同的老式蜂巢，应采用不同的过箱方法。旧法饲养的中蜂，一般采用树段挖空而成的圆桶、墙洞或板仓饲养，过箱的方法分翻巢过箱、不翻巢过箱、借脾过箱三种。

（1）**翻巢过箱** 凡是可以翻动的旧式蜂桶，都可进行翻巢过箱，适用于木桶、竹篓等蜂窝。

①**翻转蜂巢（图6-5）** 首先将蜂桶外围清理干净，向巢门喷入少量的烟雾，将桶盖轻轻打开，观察好巢脾的建造方位。把蜂巢缓慢转过180°，放稳，使巢脾固着桶的一端朝下，游离的下端向上，巢脾纵向与地平面保持垂直。如果是横卧式蜂桶，巢脾纵向排列的蜂群则顺着巢脾

方向旋转90°，放稳，使原巢脾的下端顺着桶口向上。不能从巢脾的正面翻滚过来，以免折断巢脾。

②**驱蜂离脾（图6-6）** 在蜂桶口放收蜂笼，四周最好用布等堵严，再用木棒在蜂桶的下方轻轻敲打，使蜜蜂离脾到蜂笼里结团。如果翻巢后，巢脾横卧的蜂群，木棒则敲打有脾的一端，驱蜂离脾到没有脾的一端结团。操作时不要过急，不然会把已结的蜂团驱散。

图6-5 翻转蜂巢

图6-6 驱蜂离脾

③**割脾、修脾（图6-7、图6-8）** 蜜蜂离脾后，将老巢搬入室内进行割脾。同时把收蜂笼稍垫高一些，放在原来的位置附近，便于回巢的蜜蜂飞入笼内结集。在原来的位置处，放上待用的活框标准蜂箱，巢门与原旧蜂桶的巢门方向一致。割脾时从巢脾基部割下，然后将巢框放在巢脾上，按巢框的内围的大小用刀切割，去掉多余部分。小于巢框的新脾，将基部切直。切割时，要尽量保留子脾和粉脾，并适当留下一些蜜脾。没有蜂子的巢脾、不整齐的巢脾、陈旧的巢脾和太小巢脾，可把其上的蜜脾割下放入蜜桶待取蜜，无蜜的部分留待化蜡。

图6-7 用刀割下单个巢脾

图6-8 用蜂刷刷掉脾上的蜜蜂

图6-9 将巢脾固定到巢框上

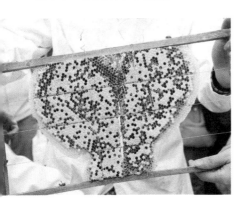

图6-10 用铁丝固定

图6-11 将固定好的巢框放入活框蜂箱

④镶嵌巢脾（图6-9） 脾切好后，立即镶嵌在穿好铁丝的巢框上。将巢脾基部紧贴巢框上梁，顺铁丝用小刀逐一划线，深度不能超过巢脾厚度的一半，再用埋线器将铁丝埋入划过的线内。这样，经过蜜蜂修整后，巢脾才能牢固地固定在巢框之上。在整个操作过程中，必须经常擦洗手上的蜂蜜，以保持脾面整洁，否则会使蜜蜂延迟护脾，冻死蜂子。

⑤绑脾（图6-10） 脾装好后，用一平板盖于脾上，使其翻转150°，取去板，用"∩"形竹夹自巢框上梁从两面向下夹住装好的脾，再用细麻线在脾下边捆绑牢固即成。每框一般夹2～3个竹征夹。新脾性较脆弱，适用于吊绑，脾装好后，用铁丝或麻线在巢框的第二道铅丝下穿过，向上绑于框梁上，吊住巢脾。有大面积子脾的巢脾，为避免蜂子过重，坠烂子脾，可在脾装好后，用硬纸板妥善承托巢脾下缘，再用麻线穿过硬纸板绑牢在上框梁上。

⑥组织新巢，催蜂护脾（图6-11） 脾绑好后，立即将巢脾放置在蜂箱的一侧。脾的排列是子脾面积大的放在中央，其次是面积小的，两旁放蜜粉脾，最外侧放隔板。蜂路以8～10毫米宽为好。脾放好后，一人手提蜜蜂已结好团的蜂笼，另一人拿覆布。提蜂笼的人要稳，准确地对着蜂脾将蜂抖入新箱内，立即盖上覆布和箱盖，静息几分钟后，可打开巢

门，让外面的蜜蜂爬入箱内。如结团的蜜蜂在旧桶内，则将蜂桶竖直，抖蜂入箱，发现蜂王已被抖入箱内，立即盖上覆布和箱盖，2~3分钟后再开巢门。待蜂完全入箱安静后，打开箱盖，揭开没有放脾一边的覆布，如发现蜜蜂无脾的一侧箱内结团，用蜂扫轻扫蜂团，催蜂上脾、护脾。

（2）**不翻巢过箱**　饲养在墙洞里的中蜂群或其他不能翻转的蜂巢，可采用这种方法。首先揭开蜂巢的侧板，观察脾的位置和方向，选择脾多的一端下手，将蜜蜂用烟驱赶到另一端空处结团。然后逐脾喷烟，驱散脾上剩下的蜜蜂，割下巢脾。修脾、装脾和绑脾的方法，与"翻巢过箱"的方法相同。能够搬动的蜂巢，可直接把蜂抖入箱内。无法搬动的蜂巢，可把绑好的脾放旧巢内，蜜蜂上脾后，再连脾带蜂放入活框饲养的箱内，或用手捧或用勺舀蜜蜂入箱，但动作要轻，避免压死蜜蜂，引起蜜蜂发怒。割脾或舀蜂时如发现蜂王，可先捉住蜂王关入王笼后，放入蜂箱里，就更为顺利。过完箱后，立即把旧巢或墙洞封住，不让蜜蜂再进入。同时把蜂箱放在旧巢门前，打开巢门两三天后，蜜蜂就适应在新蜂箱内生活了。

（3）**借脾过箱**　如果已经有活框饲养的蜂群，可采用借脾过箱的方法。从活框饲养的蜂群中，每群抽出1~2框子脾和2脾蜜、粉脾，放入准备好的标准蜂箱内，再把已结团的蜜蜂抖入箱内。旧巢的催蜂离脾、割脾、装脾、修脾和绑脾的方法同前所述。绑好脾之后，分别放入被抽脾的活框饲养蜂群中，让蜜蜂修整。这种方法蜜蜂护脾快，巢脾修整也快，过箱操作简便，动作迅速，能避免气温和盗蜂等不利因素影响，成功率较高。收捕来的野生中蜂也可采用此法，直接进行活框饲养。但搬回时如原巢址离家不到8千米，则先将有蜂的蜂箱搬至8千米以外，10多天后再搬回家附近饲养，否则蜜蜂出巢后仍会飞回原来的野生蜂巢，收捕来的新蜂群，也可按此法直接进行活框饲养。

5．过箱后的管理

中蜂过箱，仅仅是完成了活框饲养重要的第一步。因为中蜂长期生活在树洞、墙洞或木桶里，突然被迫迁到活框饲养的标准箱内，很不适应，再加上过箱过程中严重损失蜂子和蜂蜜，原来的环境受到破坏。所以必须人为地为它们在新蜂箱内创造有利的生活条件，否则过箱后蜂群还会发生失王和飞逃现象。过箱后在新环境中正常生活，还必须靠人的精心管理。

①过箱操作后，将蜂箱放在原处。收藏好多余巢脾和蜂桶，清除桌上或地上的残蜜。把蜂箱巢门缩小只让2～3只蜜蜂能进出，箱底用干草垫好。

②观察工蜂采集活动状况，过箱后一两小时从箱外观察蜂群情况，若巢内声音均匀，出巢蜂带有零星蜡屑，表明工蜂已经护脾，不必开箱检查。若巢内嗡嗡声较大或没有声音，即工蜂未护脾，应开箱查看。如果箱内蜜蜂在副盖上结团，即提起副盖调换方向，将蜂团移向巢脾，催蜂上脾。若在箱壁上结团，可将巢脾移近蜂团让蜂上脾。

③过箱的第二天观察到工蜂积极进行采集和清巢活动，并携带花粉团回巢，表示蜂群已恢复正常。若工蜂出勤少，没有花粉带回，应开箱检查原因进行纠正。若蜜蜂没有上脾护脾，集结在副盖或箱壁上，按上面方法催蜂上脾、护脾。如有坠脾或脾面已被严重破坏者，应立即抽弃，若只有少部分下坠，可重新绑脾。同时检查蜂王是否存在，蜂王最好剪翅，以防逃亡。如果发现已经失王，即选留1～2个好王台，或诱入一只蜂王，或与邻箱合并。

④开箱进行检查，过箱后第2～4天再检查一次，检查蜂王是否已经产卵，巢内有无存蜜。如果蜂王已经产卵，而且有存蜜，说明过箱已经成功。若巢内缺蜜，马上应饲喂糖水。脾上蜜蜂稀少，应适当抽出多余巢脾，使蜜蜂密集在脾上。7天之后，即可解去竹片、麻线等物，解完后把蜂路缩小到8～9毫米。

⑤如果外界蜜源条件好，10天左右就可以加巢础，造新脾，用新脾逐渐换去老脾。

过箱后检查次数不宜太多，每次检查时间不能过长。检查应在天气暖和的情况下进行，气温低、下雨天不要开箱检查。主要以箱外观察为主，如在箱外观察到蜜蜂忙碌采蜜，后足带着花粉回巢，生活秩序有条不紊，表示蜂群已安居新巢，过箱已成功。

第二节　中蜂养殖的基本操作

1. 养蜂场地选择

中蜂适合定地饲养，也可结合小转地（图6-12），养蜂场地基本是固定的，因此选择场址是十分重要的问题。

（1）**蜜粉源丰富** 在蜂场周围2～3千米范围内，要求蜜粉源植物面积大、数量多、长势好、粉蜜兼备，一年中要有两个以上的主要蜜源和较丰富的辅助蜜粉源（图6-13）。

图6-12 傍晚用车进行小转地

图6-13 辅助蜜粉源较多的山区放蜂场

（2）**环境良好** 蜂场应选在地势高燥、背风向阳、前面有开阔地、环境幽静、人畜干扰少、交通相对方便、具洁净水源的地方。凡是存在有毒蜜源植物或农药危害严重的地方，都不宜作为放蜂场地。

（3）**远离其他蜂场** 中蜂和意蜂一般不宜同场饲养，尤其是缺蜜季节，西方蜜蜂容易侵入中蜂群内盗蜜，致使中蜂缺蜜，严重时引起中蜂逃群。此外，应避免选择在其他蜂场蜜蜂过境地（其他蜂场蜜蜂飞经的地方），以免出现盗蜂。

2．蜂群的排列

中蜂的认巢能力差，但嗅觉灵敏，当采用紧挨、横列的方式布置蜂群时，工蜂常误入邻巢，并引起格斗。因此，中蜂蜂箱应依据地形、地物尽可能分散错落排列（图6-14）；各群的巢门方向，应尽可能错开。蜂箱排列时，应采用箱架或竹桩将蜂箱支离地面30～40厘米

图6-14 分散错落排列的中蜂蜂场

（图6-15），以防蚂蚁、白蚁及蟾蜍为害。

在山区，利用斜坡布置蜂群（图1-16），可使各箱的巢门方向、前后高低各不相同，甚为理想。如果放蜂场地有限，蜂群排放密集，可在蜂箱前壁涂以黄、蓝、白、青等不同颜色和设置不同图案方便蜜蜂认巢（图6-16、图6-17）。

图6-15　蜂箱支高防蟾蜍防潮

图6-16　涂有不同颜色的蜂箱

图6-17　透明蜂箱及五颜六色的蜂箱

对于转地采蜜的中蜂群，由于场地比较小，可以3～4群为1组进行排列，组距1～1.5米。但2箱相靠时，其巢门应错开。

饲养少量的蜂群，可选择在比较安静的屋檐下或篱笆边作单箱排列。

矮树丛多的场地，蜂箱可以安置在树丛一侧或周围，以矮树丛作为工蜂飞翔和处女王婚飞的自然标记，也可以减少迷巢现象。

3. 蜂王和王台的诱入技术

在组织新蜂群、更换老劣蜂王以及蜂群因某些原因失王后需补入蜂王，组织交尾群，人工授精或引进良种蜂王时，都必须向蜂群中诱入优良蜂王和王台。如处理不当，往往会发生工蜂围杀蜂王现象。诱入蜂王有直接诱入和间接诱入两种方法。

（1）**直接诱入法** 外界大流蜜时，无王群对外来产卵王容易接受，可直接诱入蜂群。具体做法是：傍晚，给蜂王身上喷上少量蜜水，轻轻放在巢脾的蜂路间，让其自行爬上巢脾；或将交尾群内已交配、产卵的蜂王，用直接合并蜂群的方法，连脾带蜂和蜂王直接合并入失王群内。诱入后观察到工蜂不拉扯、撕咬蜂王，即表明诱入成功，如工蜂围杀蜂王，应立即解救，改用间接诱入。

（2）**间接诱入法** 此法就是将诱入的蜂王暂时关进诱入器内，扣在巢脾上，经过一段时间蜂王与接受群内工蜂相同时再放出来，这种方法比较安全。诱入器一般用铁纱做成，安放时，应放在巢脾有蜜处，以免蜂王受饿。

（3）**王台的诱入** 人工分蜂，组织交尾群或失王群，都可诱入成熟台，即人工育王的复式移虫后第十天，即将出房的王台。诱入前，必须将蜂王捉走1天以上，产生失王情绪后，再将成熟王台割下，用手指轻轻地压入巢脾的蜜、粉圈与子圈交界处，王台的尖端应保持朝下的垂直状态，紧贴巢脾。诱入后，如工蜂接受，就会加以加固和保护。第二天，处女王从王台出房，经过交配，产卵成功后，才算完成。

（4）**被围蜂王的解救** 围王是指在异常情况下，蜂王被工蜂所包围，形成一个小的蜂团，并伴以撕咬蜂王，如解救不及时，蜂王就会受伤致残，甚至死亡。围王现象在合并蜂群、诱入蜂王、蜂王交配后错投他群或发生盗蜂时经常发生。主要由蜂王散发的气味与原群不同，工蜂不接受所引起的。

解救被围蜂王的办法是：向围王工蜂喷水、喷烟或将蜂团投入温水中，使工蜂散开，救出蜂王。切不可用手或用棍去拨开蜂团，这样工蜂越围越紧，很快把蜂王咬死。

救出的蜂王，要仔细检查，如肢体完好，行动仍很矫健者，可放入蜂王诱入器，扣在蜂脾上，待完全被工蜂接受后再放出；如果肢体已经伤残，应立即淘汰。

（5）**注意事项**

①更换老劣蜂王，要提前1～2天，将淘汰王从群内捉走，再诱入新王。

②无王群诱入蜂王前，要将巢内的急造王台全部毁除。

③强群诱入蜂王时，要先把蜂群迁离原址使部分老蜂从巢中分离出去后，再诱入蜂王，较为安全。

④缺乏蜜源时诱入蜂王，应提前2～3天用蜂蜜或糖浆喂蜂群。

⑤蜂王诱入后，不要频繁开箱，以免蜂王受惊而被围。

⑥如蜂王受围，应立即解救。

4．工蜂产卵和咬脾的处理

（1）工蜂产卵的处理　蜂群失王之后，会出现工蜂产卵现象（图6-18）。一般失王后3～5天就可以发现工蜂产卵。工蜂的产卵很不规则，常一个巢房内产几粒卵，不都产在房底，有的产在房壁。工蜂未经与雄蜂交配，所产的卵全为未受精卵，如不及时处理，全都发育成为雄蜂，蜂群也就自然消亡。中蜂最容易发生工蜂产卵，应特别注意及时给失王群诱入蜂王或成熟王台，如时间过久，很难诱入蜂王。工蜂产卵是受到内外因

图6-18　工蜂产卵

素影响而发生，往往出现在夏季，由于夏季天热，养蜂者管理不到位造成失王，久而久之不查看蜂群，失王过久工蜂产卵。养蜂人平时要做到群群心中有数，不得大意。

工蜂产卵的蜂群，应立即把工蜂所产的卵虫、巢脾从群内提出，让工蜂暂栖于覆布下的几个空框上，并使巢内无蜜、无粉，用饥饿法促使工蜂卵巢萎缩，失去产卵机能。第二天选一优质老蜂王（或老王台，如果没有备用王，也没有王台，那就只好跟有王小群合并），囚入笼内挂于蜂团中，稳定蜂群情绪，同时用饲喂器喂少量糖水。第四天观察，若没有围王现象，可调入1张有蜜、粉和虫、蛹的脾，使蜂群外出采集。第五天调入供蜂王产卵的脾，同时放王，较短时间内蜂群能够迅速壮大。

如果工蜂产卵久了，产上3～4张子，并且也有3～4张已封的话，那就只好提出封盖子脾用快刀把封盖部分房盖割掉，再用清水冲洗所有工蜂的卵虫脾，把脾上的水甩干，分开加到其他强群进行清理，经过4～5次反复清洗就可以了。把原工蜂产卵箱带蜂移动到50米外的地方，当晚把工蜂产卵箱的脾全部抖掉蜂拿出来，再加上副盖、大盖。工蜂产卵的原址，重放一空蜂箱，再从其他蜂群调进一张带王带蜂的大虫脾和

一张糖粉脾，隔两天后，看蜂多少再适当加脾。

如果失王过久，工蜂产卵超过20天以上，诱入蜂王困难，可将蜂群拆散，分别合并到其他的蜂群里去，或把工蜂抖散在蜂场内，任其自行选择新群。

（2）咬脾的处理　爱咬脾是中蜂的特性，给管理造成不便，使巢脾的完整性遭到破坏，咬碎的蜡屑容易滋生巢虫（图6-19）。如已发现工蜂咬脾，应立即用新脾换去咬坏的巢脾，并清除咬下的蜡屑，避免巢虫滋生危害蜂群。咬脾防止方法主要有：

①利用蜜源植物大流蜜时，多造脾，经常用新脾更换老脾另行保管；

②蜂巢里经常保持蜂多于脾或蜂脾相称（图6-20），抽出多余的空脾另行保管；

③越冬时，将整张巢脾放在蜂巢两边，半张巢脾放在蜂巢的中央，箱内巢脾排列成"凹"形，以利蜜蜂结团。

图6-19　巢虫危害的巢脾

图6-20　蜂多于脾

5．防止盗蜂

中蜂嗅觉灵敏，搜索能力强。当蜜粉源缺乏时，比西方蜜蜂更容易发生盗蜂。盗蜂一般发生在相邻蜂群之间。有时两个相邻的蜂场，由于饲养的蜂种不同，或群势相差悬殊，也会发生一个蜂场的工蜂飞去盗另一蜂场的蜂群贮蜜。

一旦发生盗蜂，轻则被盗群的贮蜜被盗空，重则大批工蜂斗杀死亡，蜂王遭围杀，而引起全群毁灭。如果全场起盗，损失更加惨重。盗蜂也会传播疾病，引起疾病蔓延。因此，防止盗蜂，是蜂群管理中最重要的一个环节之一。

（1）盗蜂的识别　盗蜂多为老蜂，体表绒毛较少，油亮而呈黑色，飞翔时躲躲闪闪，不敢面对守卫蜂，当被守卫蜂抓住时，试图挣脱。作盗群出工早，收工晚。蜂进巢前腹部较小，出巢时吃足了蜜，腹部膨大。

①发生盗蜂　老蜂在其他群蜂箱外打转，寻找入侵的孔隙。蜂箱前有蜜蜂咬杀现象。

②作盗蜂已攻入被盗群　缺蜜时节，蜂箱巢门工蜂进出繁忙，且进去的蜜蜂腹部小而灵活，出来的蜜蜂腹部膨大。

③作盗蜂、作盗群和被盗群识别　作盗蜂：在其他群蜂箱外打转，寻找入侵的孔隙的工蜂。作盗群：用面粉洒在作盗蜂体上，带粉蜂回归的蜂群。被盗群：缺蜜时节，蜂箱巢门工蜂进出繁忙，且进去的蜜蜂腹部小而灵活，出来的蜜蜂腹部膨大的蜂群。

（2）盗蜂的预防

①选择蜜源丰富的场地，坚持常年养强群，是预防盗蜂的关键。

②平常检查蜂群时，动作要快，时间要短。

③在繁殖期、蜜源尾期和蜜源缺乏时期，合并弱群和无王群，紧缩蜂巢保持蜜蜂密集，留足饲料，缩小巢门，填补蜂箱缝隙。

④饲喂蜂群时，勿使糖汁滴落箱外。

⑤断蜜期，应尽量不在白天开箱检查，不给蜂群饲喂气味浓的蜂蜜，不用芳香药物治螨。

⑥蜂巢、蜂蜡和蜂蜜切勿放在室外，不要把蜂蜜抖散在蜂场内。

⑦中蜂和西蜂不应同场饲养，西蜂场应离中蜂群较远。当与意蜂同场地采蜜时，应提前离场。

（3）盗蜂的制止　一旦出现盗蜂，应立即缩小被盗群的巢门，以加强被盗群的防御能力和造成作盗群蜜蜂进出巢的拥挤。用乱草虚掩被盗群巢门，或者在巢门附近涂石炭酸、卫生球、煤油等驱避剂，迷惑盗蜂，使盗蜂找不到巢门。如还不能制止，就必须找到作盗群，关闭其巢门，捉走蜂王，造成其不安而失去盗性。或将被盗蜂群迁至5千米之外，在原处放一空箱，让盗蜂无蜜可盗，空腹而归，失去盗性。

如果已经全场起盗，将全场蜂群全部迁至直线距离5千米以外的地方，这是止盗最有效的方法。将蜂群迁至有蜜源的地方，盗蜂会自然消失。

6. 防止蜂群飞逃

（1）飞逃原因 中蜂飞逃的原因有多种，大致有缺蜜、敌害干扰、环境不适和保留分蜂意念的飞逃。

①缺蜜飞逃 中蜂不同于意蜂，为了生存，缺蜜时易飞逃。中蜂缺蜜飞逃过程先是巢内贮蜜不足，外面长期无蜜可采蜂群产生弃巢意念，蜂王停产，幼蜂全部出房后，将最后一点蜜吃尽便弃巢而去，在新的地方安家落户。

②敌害干扰 引起飞逃的主要敌害有3种：巢虫、胡蜂和糖蛾。巢虫是慢性侵害，使蜂群逐步衰弱无法生存而飞逃；胡蜂对蜜蜂生存的影响很大，几只胡蜂进入箱内蜜蜂还抵挡得住，多了蜜蜂抵御不了，只有飞逃；夜糖蛾虽不直接伤害蜜蜂，但强劲的振翅会把蜜蜂搧得东逃西散，贮蜜被吃尽，蜂群被迫飞逃。

③环境不适 外界蜜粉源变化、蜂箱振动、蜂巢多代育子，使巢脾房壁增厚、变硬，蜜蜂欲咬去再造新脾，但力不从心、半途而废，难以再造新脾，造成断子而飞逃；蜂箱长时间被日晒蜜蜂难以调节巢温，育子生存不适而飞逃。总之，有多种环境因素，较为复杂。

④分蜂意念引起的飞逃 这种飞逃发生于自然分蜂收捕群。分蜂蜂群被收捕安置后，蜂群内还存在着分蜂暂时结团意念，如没有子脾作恋巢诱引，蜂群一般都要另投新居。

（2）中蜂逃群预防 针对中蜂逃群的可能原因进行预防。

①平常要保持蜂群内有充足的饲料，缺蜜时应及时调蜜脾补充或饲喂补充。平时打开蜂箱抽取有蜂附着的最边脾，此脾无蜜就应及时补喂。如到了没有幼虫、只有少量封盖子时才喂，就恰好适合蜜蜂逃跑，喂后马上飞逃；如发现无幼虫，不能急于补喂，应先从别群抽取幼虫脾放入该群后才可饲喂。

②当蜂群内出现异常断子和新收捕的蜜蜂，应及时调幼虫脾补充。

③平常保持群内蜂脾比例为1：1，使蜜蜂密集。

④注意防治蜜蜂病虫害。

⑤采用无异味的木材制作蜂箱，新蜂箱可采用淘米水洗刷后使用。

⑥蜂群排放的场所应选僻静、向阳遮阳、蟾蜍、蚂蚁无法侵扰处。

⑦尽量减少人为惊扰蜂群。

⑧蜂王剪翅或巢门加装隔王栅片（图6-21）。

图6-21 隔王栅片

⑨填补蜂箱其他地方的孔洞,缩小巢门预防糖蛾等危害。

(3)中蜂逃群处理

①逃群刚发生,但蜂王未出巢时,立即关闭巢门,待晚上检查处理(调入卵虫脾和蜜粉脾)。

②当蜂王已离巢时,按收捕分蜂团的方法收捕和过箱。

③捕获的逃群另箱异位安置,并在7天内尽量不打扰蜂群。

④当出现集体逃群的"乱蜂团"时,初期关闭参与迁飞的蜂群,向关在巢内的逃群和巢外蜂团喷水,促其安定。准备若干蜂箱,蜂箱中放入蜜脾和幼虫脾。将蜂团中的蜜蜂放入若干个蜂箱中,并在蜂箱中喷洒香水等来混合群味,以阻止蜜蜂继续斗杀。在收捕蜂团的过程中,在蜂团下方的地面寻找蜂王或围王的小蜂团,解救被围蜂王。用扣王笼将蜂王扣在群内蜜脾上,待蜂王被接受后再释放。收捕的逃群最好应移到2~3千米以外处安置。

⑤防止"冲蜂"。蜂群迁飞起飞之后,因蜂王失落,投入场内其他蜂群而引起格斗的现象,称为"冲蜂"。冲蜂会使双方大量死亡。当出现这种情况时,应立即关闭被冲击蜂群的巢门,暂移到附近,同时在原地放1个有几个巢脾的巢箱。待蜂群收进后,再诱入蜂王,搬往他处,然后把被冲击群放回原位。

第三节　中蜂蜂群的管理

1. 早春繁殖

春季,气候转暖,蜜源植物逐渐开花流蜜,是蜂群繁殖的主要季节。春季蜂群的发展,首先是依靠产卵力强盛的蜂王,此外还须具备下列条件:适当的群势;充足粉、蜜饲料;数量足够的供蜂王产卵的巢脾;良好的保温、防湿条件;无病虫害等。

（1）**加强保温**　早春繁殖期间，保温工作十分重要，具体应做到下列几点。

①**密集群势**　早春繁殖应保持蜂脾相称，保证蜂巢中心温度达到35℃，蜂王才会产卵，蜂子才能正常发育，应尽量抽出多余空脾。随着蜂群的发展，逐渐加入巢脾，供蜂王产卵。

②**蜂巢分区**　在蜂巢里，蜂王产卵，蜂儿发育，需在35℃的条件下进行，称为"暖区"。而贮存饲料和工蜂栖息，对温度条件要求不太高，称为"冷区"。早春，把子脾限制在蜂巢中心的几个巢脾内，便于蜂王产卵和蜂儿发育。边脾供幼蜂栖息和贮存饲料，也可起到保温作用。

③**防潮保温**　潮湿的箱体或保温物，都易导热，不利保温。因此，早春场地应选择在高燥、向阳的地方，气温较高的晴天应晒箱、翻晒保温物，糊严箱缝，防止冷空气侵入。随着蜂群的壮大，气温逐渐升高，慎重稳妥地逐渐撤除包装和保温物。

④**调节蜂路和巢门**　气温较低时，应缩小蜂路和巢门。夜间，巢门有时可关闭。

（2）**奖励饲喂**　当蜂王开始产卵，尽管外界有一定蜜、粉源植物开花流蜜，也应每天用稀糖浆（糖和水比为1：3）在傍晚喂蜂，刺激蜂王产卵，糖浆中可加入少量食盐、适量的抗生素和磺胺类药物，预防囊状幼虫病发生。

（3）**扩大蜂巢**　在繁殖初期，一个中蜂群大约4～5框巢脾，可供产卵的巢房有7000～9000个。如果一个蜂王每天产700粒卵，那么10天左右就把所有空房产满。因此及时扩大蜂巢，提供产卵空房，是保证蜂群快速繁殖的重要措施。

扩大蜂巢最便利的方法，就是用保存的空脾，及时放入蜂群供蜂王产卵。也可用半巢础造脾，造脾时蜂群必须进行奖励饲喂，或者把旧巢脾切去下半部，放回蜂群中，让蜂向下造脾。只有当气温较高（25℃以上）、外界蜜源丰富时，才能放入整张巢础让蜂群造脾。每次只能放入一张巢础（图6-22），做好一张后再放入另一张。

图6-22　刚加入巢础造脾的强群

2. 流蜜期管理

当主要蜜源植物开花时，如广东的荔枝、鸭脚木，江西的紫云英、桂花，四川的油菜、乌桕，北京的荆条等植物的开花期，是主要流蜜期。流蜜期是养蜂生产的黄金季节，应组织强大的群势，投入采集。

（1）组织采集蜂　一般来说，15日龄以上的工蜂才外出采集花蜜和花粉。除了有大量的采集蜂，还应有大量的内勤蜂。因此，在大流蜜前40～45天，就应该着手培育采集蜂和内勤蜂。幼蜂羽化出房，到采蜜期便可投入采集。

在流蜜期里，如果采蜜群内幼虫太多，大量的哺育工作，会降低蜂群的采集和酿蜜的力量，从而降低产量。因此，应在流蜜前6～7天开始限制蜂王产卵，保证蜂群进入流蜜期后集中力量投入采集和酿蜜；流蜜期结束之前，应恢复蜂产卵。主要方法是用框式隔王板将蜂王控制在巢箱内的1个小区内（内放封盖子脾和蜜、粉脾）。流蜜期结束前，撤去隔王板即可。

流蜜期前，蜂群里积累了大量的幼蜂，泌蜡能力强，是造脾的大好时机。因此，应及时加巢础框，多造脾，造好脾，供流蜜期贮蜜之用，也可预防分蜂热。

（2）流蜜期的管理　主要蜜源开始流蜜时，从最先开始采蜜蜂群里取出新蜜，喂给尚未开始采集的蜂群，通过食物传递，使全场蜂群投入采蜜，会增加产量。

在主要流蜜期扩大蜂巢，给蜂群增加贮蜜空间，保证蜂群能及时酿蜜和贮蜜，这是高产的关键措施。可在巢箱上面加继箱。此外，应及时加入巢础框造脾，以加入已造好一半的巢脾效果最好。

酿造1千克蜂蜜，要蒸发2千克水。因此为了尽快把蜂箱内的水分排出去，应扩大巢门，揭去覆布，只盖纱盖（图6-23），打开通风窗，放开蜂路。同时应在夏天注意遮阴防晒。

当继箱内的蜜脾上部将要封盖时，或少部分蜜房已经封盖时，即可取蜜。取蜜一定要取成熟蜜（图6-24）。

（3）生产优质蜜的方法　优质蜂蜜应具其天然特色，色、香、味保持所采蜜源的特点，必须是成熟蜜，并且不得混有蜡屑、空气泡，蔗糖含量不能过高（超过5%），水分不能太多。

图6-23 流蜜期揭去覆布只盖纱盖

图6-24 成熟蜂蜜

图6-25 全封盖巢蜜

① **去除杂蜜** 每一个花期，所取第一次蜜，一般混有前一花期的蜜，应在流蜜4~5天之后，进行一次全面清脾，取出杂蜜，保证生产纯度较高的单一花种蜂蜜。

② **使用新脾** 新空脾可避免旧蜜和杂花蜜残留，因此，使用新脾能保证蜂蜜的新鲜度。

③ **取成熟蜜** 优质蜂蜜的含水量应在18%左右，最多不超过20%，要达到这一标准应该取封盖蜜或即将封盖的成熟蜜，即巢蜜（图6-25）。

④ **强群生产** 强群不仅产量高，同时也因群强，酿制蜂蜜的能力强、速度快、易成熟，所以强群也能优质。

⑤ **滤除杂质** 取蜜时应及时进行过滤，避免蜡屑、死蜂和其他杂质混入。取出的蜜装好后，尽量不要翻桶。

（4）控制分蜂热 在流蜜期，由于采蜜群群势较强，容易产生分蜂热，特别是遇到阴雨天。流蜜期蜂群产生分蜂热，出勤工蜂大大减少，会造成生产上的很大损失。控制分蜂热应从管理入手，尽量给蜂王创造多产卵的条件，增加哺育蜂的工作负担，调动工蜂采蜜、育虫的积极性。

①**疏散幼蜂**　流蜜季节，如已出现自然王台，在中午幼蜂出巢试飞时，迅速将蜂箱移开，提出有王台和雄蜂较多的巢脾，割去雄蜂房房盖，杀死幼虫，放入未出现自然分蜂热的群内去修补。在原箱位置放一个弱群，幼蜂飞入弱群后，再将各箱移回原位，既增强弱群的群势，也可消除分蜂热。

②**抽调封盖子脾**　中蜂发展到8脾以上，封盖子脾达到4～5脾时，要在分蜂热发生之前，每次分批抽调1～2脾封盖子脾，连同幼蜂一起加入弱群，或人工育王（或利用自然成熟王台）进行人工分群，同时加空脾，供蜂王产卵。将产生分蜂热蜂群内的封盖蛹与弱群里的虫、卵脾进行交换，增加工蜂的哺育工作量，也可迅速将弱群补强。

③**勤割雄蜂房**　除选为种用父群外，应尽量将群内的雄蜂房割除，放入未产生分蜂热的蜂群内去修补。

④**进行人工自然分蜂**　流蜜期前，如个别蜂群产生较为严重的分蜂热，可先把子脾放在没有发生分蜂热的蜂群中去，再加入巢础框或空脾，把工蜂和蜂王抖在巢门前，让它们自己爬入箱内，作一次人为自然分蜂。

图6-26　储备蜂王

⑤**早育王，早分蜂**　蜂群已经产生分蜂热，王台已经封盖，如坚持破坏王台，只是拖延分蜂时间。王台破坏后，工蜂立刻会再造，造成工蜂长期消极怠工，蜂王长期停产，严重不利于蜂群发展，影响蜂产品的质量。因此，应及早培育蜂王，加速繁殖，尽快加强群势，有计划地尽早进行人工分蜂。

⑥**选育良种，早换王**　应采用人工育王的方法，选择场内分蜂性弱、能维持强群的蜂群作为父、母群，培育良种蜂王，及时换去老劣蜂王。新蜂王产卵力强，不易发生分蜂热，因此，每年至少应换一次蜂王，常年保持群内是新王，便能维持大群，控制分蜂热。换王季节应多储备一些蜂王（图6-26）以备失王时随时补充。

3．越夏期管理

夏季，我国南方气温多在35℃以上，又值雨季，蜜源缺乏，病、敌害多，是蜂群生活最困难的时期。降温是中蜂夏季管理的重点。

夏季来临前，应利用春季蜜源，培育新王、换王，留足充足的饲料，并保持3~5框的群势，因群势越强，消耗越大，不利越夏。

越夏期首先保证群内有充足的饲料，除补足饲料外，转地至半山或气候温和、有蜜源的地方饲养；在炎夏烈日之下，应特别注意场地选择在树荫之下，注意遮阴和喂水。为了降低群内温度，应注意加强蜂群通风，可去掉覆布，打开气窗，放大巢门，扩大蜂路，应做到脾多于蜂。管理上应注意少开箱检查，如需检查蜂群，应安排在上午10点以前，预防盗蜂的发生。

夏季，蜜蜂的敌害（胡蜂、蜻蜓、蟾蜍）很多，巢虫繁殖很快，应特别注意防治；农作物也常施用农药，应防止农药中毒。

4．秋季蜂群管理

秋季的蜂群管理至关重要，直接影响着第二年蜂群的发展和蜂产品的质量。秋季除生产蜂产品外，还应做好育王、换王，培育适龄越冬蜂的工作。

（1）培育适龄越冬蜂　秋季主要蜜源植物开花时，蜜、粉均丰富，培育出的蜂王质量好。因此，应抓住这一时机，培育一批优质蜂王，换去老劣蜂，以秋王越冬，产卵力强，有利于早春繁殖及蜂群加快繁殖速度。

应在花期开始，就要着手进行培育越冬蜂，注意蜂箱的防湿、保温和紧缩蜂巢，做到蜂脾相称。用新王产卵，培育采集蜂。如果流蜜好，天气好，应主要生产优质冬蜜；如果流蜜差，天气不好，就应以保蜂为主，加强夜间保温，抽出多余空脾，做到蜂脾相称。如饲料不足，应补充饲喂，防止盗蜂，缩小蜂路。尽量保持一定群势，培育羽化出一批新蜂，进入越冬期。

（2）冻王停产　当气温下降，蜂王产卵量减少，应利用寒潮，扩大蜂路，撤去保温物，让蜂王停产。待封盖子全部羽化出房，割去中央巢脾少量的刚封盖的蜂房盖，将脾换出。换上消过毒的蜂脾，然后再进行越冬包装。

（3）**补足越冬饲料**　越冬饲料的质量和数量，直接影响蜜蜂的安全过冬。因此，越冬包装之前，若饲料不够，可采用灌脾的方法，将优质蜂蜜或糖水（糖与水之比为1：1）灌在巢脾上，供蜜蜂越冬消耗，切勿喂入劣质蜂蜜或糖水，否则蜜蜂会因下痢而提前死亡。

5. 越冬期管理

冬季白天气温低于10～12℃时，蜜蜂就停止飞翔。如不保温，弱群在外界气温12℃时，开始结成蜂团，强群大约在7℃时，才结成蜂团。越冬蜂的管理概括起来，就是蜂强蜜足，加强保温，向阳背风，空气流通。这也可以说是蜂群安全越冬的基本条件。

（1）**越冬前的准备**　蜂群进入越冬期，首先应做好准备工作。

①**调整蜂群**　应对全部蜂群进行1次全面检查，根据检查情况，进行蜂群调整。抽出多余的空脾，撤除继箱，只保留巢箱。如果蜂群太弱，可将巢箱中央加上隔板，分隔两室，每一室放一弱群，进行双王同箱饲养，两个弱群可以相互保温。强群也应保持蜂多于脾。

②**囚王断子**　可用囚王笼将蜂王囚于其中，大约15天，让蜂王彻底断子，得以休息。

③**换脾消毒，紧缩蜂巢**　囚王断子后，巢内已无蜂子，可将巢脾提出，用硫黄烟熏，清水冲洗晾干之后，再放入群里，然后紧缩蜂巢，让蜂多于脾，才有利于越冬。

（2）**越冬保温工作**

①**箱内保温**　将紧缩后的蜂脾放在蜂巢中央，两侧夹以保温板。两侧隔板之外，用稻草扎成小把，填满空间。框梁上盖好覆布。缩小巢门即可。

②**箱外包装**　分单群包装和联合包装两种。单群包装是作好箱内保温后，在箱盖上面纵向先用一块草帘，把前后壁围起，横向再用一块草帘，沿两侧壁包到箱底，留出巢门，然后加塑料薄膜包扎防雨。联合包装是先在地上铺好砖头或石块，垫上一层较厚的稻草，然后再将带蜂的、经过内保温的蜂箱排在稻草上面，每2～6群为一组，各箱间隙也填上稻草，前后左右都用草帘围起来。缩小巢门，然后用塑料薄膜遮盖防雨。

（3）**越冬管理**　做好保温工作之后，越冬期千万不要经常开箱检查，以箱外观察为主。如发现部分工蜂出巢扇风，说明巢内闷热，应加大巢门，或短时撤去封盖上保温物，加强通风。还应防止鼠害。

第七章　流蜜期蜂群的生产管理

主要蜜源植物花期（大流蜜期）是养蜂生产的主要活动季节。在大流蜜期，只有那些具有大量适龄采集蜂（日龄在两周以上的蜜蜂），并有充足后备力量（有大量封盖子脾）的蜂群才能获得高产。因此，必须在大流蜜期以前培育大量适龄采集蜂，做好各项准备工作，并在大流蜜期期间，加强蜂群的饲养管理，给蜂群创造良好的生活环境和生产条件。

第一节　饲养强群

除了丰富的蜜源以及良好的气候条件之外，强壮的蜂群是获得蜂产品优质、高产的主要决定因素。所以，花期蜂群管理工作的重点是发展强群、组织强群和维持强群。

1. 强群的优越性

强群（图7–1、图7–2）是养蜂者获得高产量和高质量蜂产品的基础，一般强群产量可比弱群提高25%～30%。因为强群内工蜂数量较多，较高比例的工蜂不用承担巢内工作即可以投入采蜜活动，工蜂的采集力相对较强，有利于取得蜂产品的丰收。强群所培育的蜜蜂个体大、寿命长、采集力强。试验表明，强群的采集蜂平均每只每次采蜜量为

38毫克，而弱群只有13毫克；生产季节，弱群的工蜂寿命比强群缩短15%～20%，在春季繁殖期间，两者的寿命差异更为明显。所以，强群的群体和个体的生产力都具有弱群不可比拟的优势。

图7-1　16框中蜂强群

图7-2　西蜂强群

强群蜜蜂调节蜂巢温湿度的能力较强。当外界气温在0℃左右时，中等群势的蜂群巢温为33.3℃，低于蜂子的正常发育温度，而强群则可维持在34.5～35℃之间。云南的干季，空气湿度很低，强群蜂巢内的湿度可以调节至88%，而弱群只能达到80%；在大流蜜期，强群的蜂巢湿度可以下降到45%～50%，而弱群只能下降到66%～70%。

强群能够以多箱体生产蜂蜜，维持巢内较低的湿度，有利于采回的花蜜中的水分蒸发，使蜂蜜得到充分成熟。以多箱体生产成熟蜜，可以减少摇蜜的次数，减轻管理蜂群的工作量，所以，强群酿制蜂蜜的速度比弱群快，蜂蜜质量也较高。

弱群哺育蜂子的单位强度虽然比强群高，但有效哺育率却比较低。例如，一个4框群势的蜂群，有效哺育率只有67%；而一个15框群势的蜂群，有效哺育率可达95%。强群培育的工蜂的体重、吻长、蜜囊容积都比弱群培育的工蜂高，因此强群可以很好地利用蜜源，具备较强的贮备能力。

此外，强群抵抗疾病、敌害、盗蜂和不良天气条件的能力也较强，有助于保持工蜂健壮无病，保证蜂产品优良的质量。强群的蜜蜂能顺利越冬，春季的发展速度比弱群快。强群中有大量的青幼年蜂，所以，强群的造脾和产浆能力也比较强。

强群并无统一的标准，我国多采用继箱取蜜，一般西方蜜蜂越冬期有3足框蜂，生产期有15足框蜂左右，即可达到强群标准；中蜂越冬期有2足框蜂，生产期达8~12足框蜂，即为强群。如果采用多箱体养蜂，强群内的蜂量，还可以提高。

所以，饲养强群不但是创造高产和稳产的重要措施，也是生产优质蜂产品和发展现代化、规模化养蜂的必要条件。

2．饲养强群的条件

首先外界应有丰富的蜜、粉源，养蜂生产中使用质量优良、符合蜜蜂生物学特点的蜂箱等机具，饲养的蜂群都使用年轻优质的良种蜂王。养蜂人员要掌握相关的蜜蜂生物学知识，具有娴熟的养蜂技术和丰富的操作经验，能够正确实施因地制宜的管理方法和措施。

蜂场应贮备充足的饲料和一定数量的巢础、巢脾以及巢箱、继箱等养蜂设备，蜂机具齐全并备有预防病、敌害的药物，能够及时有效地进行各项日常管理，保证蜂群健康、顺利发展。

3．饲养强群的方法

使蜂群在大流蜜期到来之前发展为强群，可采用双箱体饲养、双王群饲养、多箱体养蜂和横卧式蜂箱养蜂等方式。具体的管理应做到以下几方面。

①饲养强群应从前一年的秋天抓起，利用秋季蜜源，做好蜂群的增殖工作，培育大批适龄越冬蜂，贮足饲料；使用年轻、产卵力强的蜂王；保证越冬蜂无病，越冬后以蜂多于脾，每箱3脾以上的蜜蜂群势投入早春繁殖，为全年保持强群打下基础。

②在春繁期间应加强保温工作，补足饲料，进行奖励饲喂，促进蜂王产卵，及时加入巢脾扩大蜂巢，给蜂王提供充足的产卵空间，使蜂群中的新蜂尽快取代越冬蜂，进入蜂群增殖期，群势快速增长，为大流蜜培养大量的适龄采集蜂。

③任何时候都要保证巢箱（供蜂群育虫和蜂王产卵的箱体）内有充足的饲料和供蜂王产卵的空间，一只蜂王一昼夜要产1500个卵，一个育虫周期（21天）需要10个优良的空巢脾才能满足蜂王产卵的需要。因此，应经常进行箱内调脾，时常将封盖子脾提入继箱内并不断给巢箱内补入空脾。

④在大流蜜期间，应减少蜂王产卵，让工蜂集中力量投入生产，减少工蜂哺育蜂子的负担，但为了防止流蜜期结束后蜂群蜂势下降，可组织一部分辅助群，通过从辅助群内提出子脾补给采蜜群，维持蜂群的群势。

4．保持强群的主要措施

①使用蜜蜂良种是蜂群维持强群的主要措施之一，良种蜂王的主要生物学特征就是能维持强大的群势。选择使用腹部大而丰满、胸部阔大、颜色均匀的蜂王，在将新蜂王诱入强群之前需先观察其产卵效果，产卵性能好的蜂王，会把卵产在巢房底部正中央，每个卵一般都朝着一个方向倾斜，卵产得很匀称，通常从巢脾稍靠上部中央开始，向四周均匀地扩展。养蜂工作中要及时更换劣质蜂王，凡是产卵力下降的蜂王，不管年龄大小，都应该及时淘汰，以免影响蜂群的发展。

②保证蜂群内留有充足的饲料，巢内饲料充足蜂王才产卵旺盛，工蜂哺育蜂子的能力才强，从而保证蜜蜂发育正常、寿命长，有较强的泌浆、泌蜡和采集能力。即使在外界有蜜、粉源的季节，蜂群里都应保持充足的饲料。强群内的饲料宜多不宜少，这也是获得高产的保证措施之一。

③预防分蜂和控制分蜂热是保持强群的重要措施。分蜂是蜜蜂群体增殖的自然方式，蜂群一旦发生自然分蜂，强群则变为弱群，如果管理不当，强群易处于分蜂状态，蜂王产卵力下降，工蜂积极性降低，如不及时预防，强群容易发生自然分蜂，大大影响蜂群的生产能力。

蜂群产生分蜂热的主要表现是：巢内出现大量的雄蜂，工蜂积极筑造王台，部分王台内已有受精卵或幼虫，蜂王的产卵量明显下降，腹部逐渐变小，工蜂出勤率降低，消极怠工，巢脾下方和巢门前，工蜂连成串，形成"蜂胡子"（图2-18）。

预防蜂群产生分蜂热的主要措施有：a．选用分蜂性弱的蜂种，不同蜂种的分蜂性不同，同一蜂种的不同蜂群控制分蜂的能力也有差异，在选用种群时，挑选不爱分蜂、能维持大群的蜂群作为种群进行人工育王。在选购蜂种时，注意咨询清楚蜂种的特性、能维持的群势大小等性状。b．及时换王，养蜂过程中及时用优质年轻的蜂王更换老劣蜂王。因为新蜂王一般释放的蜂王物质较多，控制分蜂的能力较强，并且更换产卵力好的蜂王后，蜂群内哺育工作量加大，缓解了强群内青幼年蜂过剩的状况。c. 加强蜂群的管理，扩大蜂巢，加强通风，让蜂王有产卵的空间，避免巢内蜜蜂拥挤。幼蜂大量积累的蜂群，如果尚未进入流蜜期，可适当调出部分封盖子脾，调入一部分卵、幼虫脾，以增加工蜂的哺育负担，同时为花期到来进行采集创造条件。如外界有辅助蜜、粉源，可进行蜂王浆生产和加巢础框造脾，充分利用强群内过剩的哺育能力。进入分蜂季节后，应经常检查蜂群，及时割除王台。

对已产生分蜂热的蜂群，可采取以下措施予以制止：a. 调换蜂群位置法。把已产生分蜂热的强群与蜂场内的弱群互相调换位置，让强群的外勤蜂飞入弱群，使弱群的采集力加强，强群内因工蜂拥挤度减少，分蜂热自然消失。但在换位时，注意要把所有的王台割除。此外，也可采用"移位法"来制止分蜂热。先割除所有王台，然后把蜂群移到其他位置，让该群的外勤蜂分散飞入邻近的蜂群中。b. 分隔蜂巢法。在大部分蜂群开始造王台时，割除全部王台，把蜂箱搬离箱底（指活底蜂箱），在原址箱底上放一新箱体，然后放一张卵、幼虫脾和蜂王，两侧装满空脾。新箱体上加一块隔王板，上面加继箱，其余的子脾和蜜蜂放在继箱里，10天后，检查继箱里面的子脾，割除新造的王台。21天后，继箱里面的蜂子已全部羽化出房，空脾可用于贮蜜；巢箱里的蜂子也陆续出房，可很好地解除分蜂热。c. 除王法。在有可能出现自然交替和分蜂的情况下，除掉老蜂王和一切王台。10天后，再割除一次新造的王台，此时已没有幼虫可以改造为急造王台了，然后再诱入一只年轻的优质蜂王，这群蜂在相当长的时间内，就不可能再出现分蜂热了。

饲养强群才能获取优质、高产的蜂产品，这是养好蜜蜂、产生高效益的最根本的一点，养蜂者应该逐渐提高饲养技术，加强管理，使蜂群以强群的状态持续发展，才能保证有所收益。

第二节　培育适龄采集蜂

蜂群中的蜜蜂，有一定的劳动分工，一般蜂群中的工蜂按其日龄不同从事不同的工作。多数情况下，5～17日龄的工蜂负责蜂群的巢内工作，如酿蜜、哺育幼虫、泌蜡造脾等。17日龄以后才普遍成为采集蜂，蜂群内采集蜂的数量决定了蜂群蜂蜜的产量。流蜜期期间工蜂的寿命一般在30天左右，工蜂发育期为21天（图7-3、图7-4），因此，要获得大量17~30日龄的采集蜂，应提前38~51天进行培育适龄采集蜂，一般在大流蜜开始前40~45天着手进行。

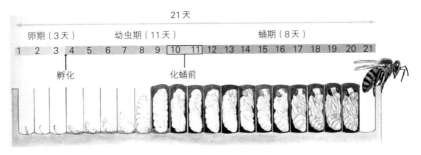

图7-3　蜜蜂发育图

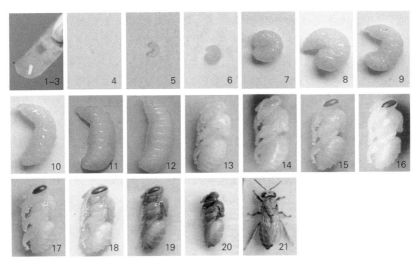

图7-4　工蜂发育图（王颖等拍摄）

在适龄采集蜂的培育中，应视流蜜期的长短，酌情掌握奖励饲喂的时间。管理上应采取有利于蜂王产卵和提高蜂群哺育率的措施，如调整蜂脾关系、适时扩大蜂巢出口、奖励饲喂、治螨防病等。如果蜂群基础较差，应组织双王群，以提高蜂群的发展速度，保证流蜜期到来时发展为强群。蜂群中蜂蜜的生产除依赖于大量采集蜂的有效工作外，群内一定数量的内勤酿蜜工蜂也是必不可少的，在培育大量适龄采集蜂的同时，也不可忽视对5～17日龄内勤蜂的培育。因此，适龄工作蜂的培育结束时间应延续到大流蜜期结束前26天左右。

第三节　组织采蜜群

组织采蜜群的目的是保证强群取蜜和生产区无子脾取蜜，以利于生产操作、保证获得高产。养蜂生产中，应该在当地主要蜜源流蜜前50天左右就开始对蜂群进行奖励饲喂，刺激蜂王产卵，着手培育适龄采集蜂。流蜜期前，繁殖采集蜂的工作告一段落，在原群基础上发展起来的采蜜群，会比临时组织的采集力强。但在养蜂生产中，很难做到全场的蜂群在主要流蜜期之前都能培养成强盛的采蜜群，如果蜂群达不到采蜜群的标准，可以在大流蜜期开始前10～15天，进行采蜜群的组织。流蜜期前采蜜群应不低于13～15框蜂，含有10张左右的子脾。

对于弱群或中等群势的蜂群可进行合并，组成群势较大的采蜜群。蜂群合并时，可把所有蜜蜂和子脾或蜂群的部分卵虫脾和蜜粉脾带蜂提出，并入蜂王质量较好的蜂群作为生产群，淘汰老蜂王及质量较差的蜂王。

对于双箱体饲养的蜂群（图7-5、图7-6），可以将正在出房的封盖子脾、卵虫脾、花粉脾放入巢箱，作为繁殖区，根据需要可加入1张空脾，以提供蜂王产卵的空间。子脾居中、粉脾靠边放置，一般巢箱放6～7张脾，把其余的封盖子脾和蜜脾放入继箱，作为生产区，巢、继箱之间加上隔王板。如果采用双王群饲养，可根据具体情况，在每只蜂王所在的繁殖区保留3～4张巢脾，包括1张卵虫脾、1张空脾和1张蜜粉脾。

图7-5　继箱饲养的西方蜜蜂（塑料蜂箱）

图7-6 小区内双箱体饲养的西方蜜蜂

采用主副群繁殖、采蜜的蜂场，在主要流蜜期前30天左右，可根据主群的哺育力和保温能力从副群中分批抽出卵虫脾补充到主群。而在距离流蜜期20天左右时，可从副群中抽调封盖子脾，将其加到主群的继箱中，待蜜源流蜜开始后，继箱中的子脾均已出房成为空脾，蜜蜂逐渐成为适龄采集蜂而这些空脾正好用于贮存蜂蜜。如果蜂群群势较强，群内蜂多于脾，可以在继箱中适当加入空脾，保持蜂脾相称。饲养中蜂组织采蜜群时，如果蜂群群势较强可使用浅继箱取蜜。

第四节　采蜜群的管理

应该根据不同蜜源植物的泌蜜特点以及蜂群的状况确定采蜜群的管理措施。采蜜群管理的主要原则是：控制分蜂热、维持强群，同时兼顾流蜜期后的蜂群发展。主要流蜜期期间，应及时了解蜂群的贮蜜情况，适时调整蜂群，一般3~4天检查一次蜂群继箱中的贮蜜量，6~7天检查一次蜂王的产卵情况。

1. 控制分蜂热

蜂蜜生产期要注意防止蜂群产生分蜂热，保持工蜂积极的采集状态。生产期蜂群一旦发生自然分蜂，会严重影响蜂蜜的产量。蜂场可利用群强、蜜足这一黄金时期在蜂群中加入巢础建造新巢脾、生产蜂王浆，此期生产的蜂王浆产量高、质量好。可将巢脾间的蜂路适当放宽，将巢门放大、加强蜂箱内的通风，加强蜂群的遮阴、避免蜂群处于暴晒状态。生产期使用新王群进行取蜜等措施均能起到很好的防分蜂效果。

2．限制蜂王产卵

在流蜜期间培育的卵虫发育成的工蜂参加不到采蜜工作，还会增加饲料消耗、增加巢内的工作负担，因此，在时间较短但流蜜较多的花期并且距离下一个主要蜜源花期还有一段时间时，一般在该流蜜期到来前1周就应该限制生产蜂群的蜂王产卵。限制蜂王产卵时，单王群巢箱可放5~6张脾，包括卵虫脾和刚封盖的蛹脾以及粉脾，不给蜂王提供可以产卵的空巢房。以双王群形式饲养的蜂群，可在每个产卵区放3张脾，包括卵虫脾和1张粉脾。也可以使用产卵控制器进行限制蜂王产卵。流蜜开始后，蜂群中的绝大部分幼虫已封盖化蛹，蜂群中的工蜂摆脱了哺育幼虫的负担，可以集中力量进行采集和酿蜜，整个蜂群的生产能力会大大提高。否则，由于工蜂具有很强的恋子性，如果蜂群内幼虫较多，工蜂的采集活动便会减少。

如果蜜源流蜜期长达一个月以上或两个主要的蜜源流蜜期相互衔接，而且下一个蜜源比较稳产，在蜂群的管理上，就要注意既要保证本次花期的高产，又要为下个蜜源花期培育适龄的工作蜂，不限制蜂王产卵，而采取繁殖和取蜜并重的做法。对于双箱体蜂群，可以在巢箱内放6~7张脾，分别为卵虫脾、刚封盖蛹脾以及1张空脾和1张粉脾，并且每隔6~7天调整一次蜂群，使繁殖区保持适当的空间供蜂王产卵，继箱内放老熟蛹脾以及适量的空脾，供蜂群贮蜜。采用双王群饲养时，巢箱内可一边放3张脾，另一边放4张脾，包括卵虫脾和1张空脾，限制一区的蜂王产卵，使另一区的蜂王适量产卵。也可使用强群、新王群取蜜，弱群进行恢复和发展，不断从繁殖群中抽调封盖子脾加强采蜜群群势，从采蜜群中抽出过多的卵虫脾放入繁殖群中进行哺育，保证采蜜群持续维持在强群状态。

为了防止蜂群意外失王，流蜜期间应注意使每个采蜜群都保持1~2张卵虫脾。

3．流蜜后期的蜂群管理

流蜜后期蜂群要逐渐向繁殖转移，在流蜜中期摇蜜时保留子脾上的边角蜜，每次摇蜜后放入产卵区1~2张摇完的空脾，被蜜压缩的子脾在将蜜清除以后放入繁殖区继续扩大子圈。在流蜜后期要调整管理措施促进蜂群的繁殖发展，如果外界粉源缺乏，要及时加入粉脾，及时介绍产卵性能好的蜂王到失王群，调整蜂群间的子脾，流蜜后期摇蜜时要给蜂群保留一定数量的饲料，为蜂群的繁殖奠定基础。

第五节　蜂蜜生产技术

取蜜的基本原则为"初期早取，中期稳取，后期少取"。在大流蜜期开始后2~3天取蜜可以刺激蜜蜂外出采集的积极性，有利于提高蜂蜜的产量。但是过早过勤地采收，会影响蜂蜜的成熟度，使采收下来的蜂蜜含水量高，酶值低，而且容易发酵变质，不耐久存。在流蜜中期，当蜜脾上有1/3以上的巢房封盖时就可以采收蜂蜜了。流蜜后期则要少取多留，保证蜂群有足够的饲料贮备。为了保证蜂蜜的质量应注意在流蜜期不要见蜜就摇，即不要每次取蜜时不管虫脾还是蛹脾，蜜脾或是半蜜脾，全部摇光，片面追求蜂蜜的产量而影响蜂群的正常繁殖。

在养蜂业比较发达的国家，采用多箱体养蜂（图7-7），一个花期内只集中采收蜂蜜1~2次，可获取成熟度高、水分含量低、质量好的蜂蜜，并且减少了对蜂群正常生活的干扰。随着国内蜂产品消费市场的日益成熟，广大消费者对蜂蜜质量的要求越来越高，生产成熟蜜已逐渐成为主要趋势。

图7-7　多箱体饲养的国外大型蜂场

目前，我国养蜂业中生产的商品蜂蜜主要有分离蜜和巢蜜两种形式。

1. 分离蜜的生产

（1）采蜜前的准备

①时间　提取蜜脾采收蜂蜜一般在蜜蜂飞出采集之前的清晨进行，在上午大量采集蜂开始出巢活动前结束，以尽量避免当天采集的花蜜混入提出的蜜脾中，影响蜂蜜的质量。在外界温度较低时取蜜，如早期油菜蜜生产季节、中蜂采收冬蜜时，为了避免过多地影响巢温和蜂子的正常发育，可以在气温较高的午后进行取蜜操作。

②地点

a. 室内摇蜜　如果蜂箱距离房屋较近，运送蜜脾方便或者在室外摇蜜容易引起盗蜂时，采收蜂蜜适合在洁净的室内进行，可以有效防止外界的灰尘污染，保证取蜜环境的卫生。如果备有专门的取蜜车间，应在室内装备自来水龙头，安置一个简易的割蜜盖台，把相关的设备按照操作习惯进行摆放，并将取蜜车间清扫、擦洗干净。

b. 室外摇蜜　在天气较好、蜜源充足时可以在蜂场中进行露天摇蜜，特别是转地蜂场的条件较为简陋，取蜜操作可以在蜂箱附近进行（图7-8），但要保证室外摇蜜不会招引盗蜂。进行露天取蜜作业的转地蜂场，需提前清理摇蜜场所的杂草、尘土等，取蜜应选择在无风天气进行，摇蜜前用清水喷洒取蜜场所的地面，以防止尘土飞扬。

③工具　准备好起刮刀、蜂刷、喷烟器、摇蜜机、割蜜刀、滤蜜器、蜜桶、水盆、空继箱等工具，检查所需的工具准备齐全后，将所有会与蜂蜜接触的器具清洗干净，晾干待用。

图7-8　摇蜜

（2）分离蜜的采收工序　我国的养蜂场规模相对较小，蜂蜜生产中机械化程度较低，目前多数蜂场主要采用手工操作取蜜的模式。蜂蜜生产中一般需要3人互相配合，1人负责开箱抽脾脱蜂，1人负责切割蜜盖，操作摇蜜机、分离蜂蜜，另外1人负责传送巢脾、把空脾放回原箱，回复蜂群。分离蜜的采收主要包括脱蜂、切割蜜盖、摇取蜂蜜、过滤和分装等工序。

①**脱蜂**　在自然状态下，蜜蜂会附着在蜂群中的巢脾上。采收蜂蜜时，将蜂群中可以摇蜜的蜜脾定准后首先应将蜜脾上附着的蜜蜂脱掉，即脱蜂。脱蜂的方法包括手工抖蜂、工具脱蜂、化学脱蜂和机械脱蜂等。目前我国养蜂生产中普遍采用手工抖蜂的方法。

手工抖蜂时，首先提出蜜脾，双手握紧蜜脾的框耳部分，依靠手腕的力量将蜜脾突然上下迅速抖动3～5下，使蜜蜂离脾跌落进入蜂箱的空处。抖蜂完成后，蜜脾上剩余的少量蜜蜂可使用蜂刷轻轻将其扫落到蜂箱。把完全脱掉蜜蜂的蜜脾，放入准备好的空继箱套中，装满蜜脾后，把继箱套运到取蜜场所，摇完蜜的空脾及时回复到蜂群。

在无盗蜂的情况下，如果蜂群中巢脾满箱，脱蜂前可先提出1～2张蜜脾靠放在蜂箱外侧，使蜂箱中空出一定的空间便于抖蜂和移动剩余的蜜脾。抖蜂过程中要注意保持蜜脾呈垂直状态，不要把巢脾提得过高，以免将蜂抖到箱外。提出和抖动巢脾时，注意不要碰撞蜂箱壁和其他的巢脾，以免挤压蜜蜂。中蜂进行平箱取蜜时，先要找到蜂王，把蜂王所在的巢脾靠到一边，以防挤伤蜂王。如果蜂群性情凶暴，可用喷烟器进行喷烟镇服蜜蜂，但使用喷烟器时，应注意不要将烟灰喷入蜂箱内，以免污染蜂蜜。

②**切割蜜盖**　采集蜂采回花蜜，经内勤蜂的加工酿造后贮存在巢房中，并用蜂蜡将蜜房封盖，因此，脱蜂后需先把蜜盖切除才能进行蜂蜜的分离。切割蜜盖可通过手工切割和机械电动切割进行。目前我国的养蜂场主要采用普通冷式割蜜刀进行切割（图7-9）。

切割蜜盖时，一只手握住巢脾的一个框耳，将另一个框耳置于支撑物或割蜜盖台面上，将巢脾垂直竖起，用锋利的割蜜刀沾热水自下向上拉锯式徐徐将蜜盖割下，注意不要从上往下割，以避免割下的带蜜蜡盖拉坏

图7-9　割蜜盖

巢房。在割除蜜盖的同时可将蜜脾上的赘蜡、巢房的加高部分割除。切割下来的蜜盖和赘脾使用干净的容器盛放，待蜂蜜采收完成后，将蜜盖和赘脾放置在尼龙纱上静置，滤出里面的蜂蜜。

③**分离蜂蜜** 我国蜂场中分离蜂蜜所使用的摇蜜机基本上为两框固定手摇式摇蜜机。把割去蜡盖的蜜脾放入摇蜜机的固定框笼内，手握摇把，摇转分蜜机，并逐渐加快摇动的速度。在两框固定手摇式摇蜜机中同时放入的两个蜜脾，重量应尽量相同，巢脾的上梁方向相反，以保持摇蜜机的平衡，摇蜜机的转向应背着巢房的斜度进行，以便于蜂蜜和巢脾的分离。注意在转动摇蜜机的过程中用力要均匀，转速不能过快，以防止巢脾断裂损坏。蜜脾一侧的贮蜜摇取完成后，要将巢脾翻转，以摇取另一侧巢房中的贮蜜。辐射式摇蜜机在取蜜过程中不用把蜜脾进行换面，但需要在正转之后进行反转才能把蜜脾两面的蜂蜜摇出。如果使用的摇蜜机没有流蜜口，当摇取的蜂蜜快到框笼的巢脾下框耳时，就应将蜂蜜及时倒入蜂蜜桶。

采用活框饲养的中蜂蜂群，一般多为平箱取蜜，贮蜜区与繁殖区没有分开，进行取蜜的巢脾上一般带有蜜蜂的卵、虫、蛹，为了尽量减少对蜜蜂蜂子发育的影响，从繁殖区脱蜂后提出的巢脾应立即分离蜂蜜，取蜜完成后，迅速将巢脾放回原群。在取蜜过程中，摇蜜机的转速要适当放慢，以防止将虫、卵甩出或使虫、蛹移位造成伤子。

④**过滤和分装** 在蜜桶上口放置双层过滤网（图7-10），除去蜂蜜中的蜂尸、蜂蜡、死蜂和花粉等杂质，蜂蜜集中放置于广口容器中后，其中的细小蜡屑和泡沫会浮到蜂蜜表面，撇除上面的浮沫杂质之后便可将蜂蜜进行分装，置于专用蜜桶中（图7-11）。

图7-10 蜂蜜的过滤

图7-11 蜜桶

⑤**分离蜜的贮存**　分离蜜应按蜂蜜的品种、等级分别装入清洁的不锈钢蜜桶或塑料桶、陶器等容器中。注意不要装得太满，否则在运输过程中容易溢出，高温季节还易受热胀裂蜜桶。成熟蜂蜜装桶后应密封保存，因为蜂蜜具有很强的吸湿性，未成熟的稀薄蜜装入容器后则不应密封，留出蒸发水分、流通气体的余地。储存蜂蜜的容器上应贴上标签，注明蜂蜜的品种、产地及采收日期等信息。蜂蜜的贮存场所应清洁卫生、阴凉干燥、避光通风、远离污染源，不得与有毒、有害、有异味的物质同库贮存。准备出售的蜂蜜应尽快送交给收购商。

国外的蜂场一般规模较大、机械化水平较高，多配备摇蜜车间，脱蜂、运脾、切割蜡盖、摇蜜、过滤和包装等操作均可实行流水作业。

⑥**取蜜过程中的卫生问题**　在整个摇蜜过程中都要注意保持卫生，保证自然蜂蜜的天然品质。从蜂群中提出的蜜脾或从摇蜜机中取出的空巢脾都不要随手乱放，避免沾附尘土。用完的摇蜜机要及时进行清理，下次使用之前重新冲洗晾干。取蜜后及时清理摇蜜场所，避免发生盗蜂。在蜂场中临时储存盛蜜容器时要有防雨、防晒设施，避免浸入雨水或遭受暴晒升温，并要注意防止蚂蚁等喜食蜂蜜的昆虫进入储蜜容器。

2. 巢蜜的生产

巢蜜（图7-12）是蜜蜂采集植物的花蜜后，经充分酿造成熟并封上蜡盖的巢脾蜂蜜，由蜂巢（含蜡盖）和蜜液两部分组成，也称"巢脾蜂蜜"、"封盖蜜"。巢蜜作为成熟蜂蜜的一种，是高档次的天然蜂蜜产品，自然成熟原生态，可以形象、直观地向消费者展现产品的物理状态，更容易获得顾客的信任。目前，我国的山东、新疆、北京等地的巢蜜生产已成规模，并建立了良好的市场销售渠道。

（1）巢蜜生产的基本条件　巢蜜的生产受诸多因素的影响，主要包括以下几项。

①**蜜源情况**　生产巢蜜相对于生产分离蜜需要更长的时间，一般7天以上蜜脾才能封盖，这

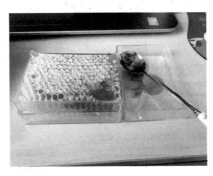

图7-12　商品巢蜜

就要求生产巢蜜的蜜源花期一定要长，流蜜量不能太少。巢蜜要求色泽浅淡，外型美观，口感好，不易结晶，北方的刺槐、荆条、苜蓿等流蜜时间较长、流蜜量较大，是进行巢蜜生产的理想蜜源。同时，生产巢蜜时应避开外界胶源丰富的场地，否则巢蜜表面黏附蜂胶后会影响外观。

②**天气影响**　蜜蜂只有在将蜂蜜酿造成熟后才会进行封盖，造成巢蜜生产对外界环境有很大的依赖性。长期阴雨天气，蜜蜂采蜜会受影响，空气湿度大，蜂蜜也不容易酿造成熟进行封盖。如果天气晴朗，气候相对干燥一些，蜜蜂酿造花蜜的时间就会缩短，生产巢蜜的速度也会相应加快。

③**蜂群状况**　生产巢蜜需使用健康强盛的蜂群，要求蜂群采集积极、泌蜡造脾能力强。根据生物学特点和经济性状选择生产巢蜜的合适蜂种，进行巢蜜生产的蜂群应能维持强群，生产中所用的蜜王比浆王更适合生产巢蜜，蜜蜂采蜜快、酿造快、生产快。生产巢蜜较为理想的蜂种有中蜂、卡尼鄂拉蜂和意大利蜂，中蜂和卡尼鄂拉蜂的蜜脾封盖均为干型，即蜡盖与巢房内的蜂蜜有一定的距离，巢蜜封盖颜色鲜亮、色泽美观。

④**生产设备**　生产设备对巢蜜生产至关重要，生产巢蜜的主要设备包括：巢蜜继箱、巢蜜盒以及巢蜜盒框架等。巢蜜盒需要组装方便、拆卸简单，蜜蜂易于接受。

⑤**养蜂技术**　巢蜜生产人员应熟悉相应的技术操作，掌握巢蜜生产的蜂群管理措施，确保巢蜜生产高产高质量进行。

（2）操作规程

①**组织蜂群**　进行巢蜜生产的蜂群要比生产分离蜜的蜂群群势更强，在大流蜜期到来之前，就要密集蜜蜂，把蜂群调整组织为采蜜强群，加好继箱。

②**提前造脾**　将切好的巢础放入巢蜜格内或者将塑料巢蜜盒装订在巢框上（没有巢房底的巢蜜盒要镶嵌巢础，塑料底的巢蜜盒要刷一层薄薄的蜂蜡），生产巢蜜所用的巢础，须用优质纯净的蜂蜡制成。不论生产什么样式的巢蜜，为了加快生产速度，均需要在主要蜜源流蜜期前3～5天，将巢框放入蜂群，并用蜜水刺激蜂群，使蜜蜂泌蜡进行提前造脾。在塑料底巢蜜盒上涂蜡是为了提高蜜蜂的接受情况，但应注意要尽量涂得薄一些。在有两个蜜源衔接的地区，可利用前一个蜜源进行造脾，后一个蜜源进行巢蜜采收。如果蜜源的花期较长，则可让蜂群一边

造新的格子蜜巢脾，一边生产巢蜜。

③**生产巢蜜** 一般一个继箱一次可以生产4～6框巢蜜，在放置巢框时，将一般的巢脾放在继箱的两侧，将生产巢蜜的巢框放置在中间。待蜜脾封盖率达到99%以上时，应该及时进行采收。取出用于生产巢蜜的巢框后，用蜂刷轻轻驱逐上面附着的蜜蜂。注意操作时动作要轻稳，不要损坏蜜脾的蜡盖。

生产巢蜜时要适当缩小蜂路，把巢框间的蜂路控制在半个蜂路大小，约为6毫米，以保证成品巢蜜品相较好，在生产巢蜜的过程中，不要进行取蜜操作。与生产巢蜜的巢框相邻的巢脾表面要平整，方能使成品巢蜜表面整齐，比较美观。

由于巢蜜生产要求蜂群有较强的群势，而强群比较容易发生分蜂热，所以在生产过程中要注意预防分蜂热的产生。

为了提高巢蜜的产量，在生产巢蜜的花期内可留出部分蜂群进行分离蜜的生产，当本蜜源即将结束，巢蜜格尚未贮满或封盖尚未完成时，用部分蜂群生产的同一花种的纯蜂蜜饲喂生产巢蜜的蜂群。对于巢蜜格尚未贮满蜂蜜的蜂群，可以早晚都喂。如果巢蜜格内已贮满蜂蜜但未完成封盖，可于每天晚上酌量饲喂，促使蜜蜂加快封盖。如果巢蜜格中部已有少量封盖，则要限量饲喂。

④**包装和存放** 根据外表平整度、封盖情况、颜色深浅以及清洁度等对从蜂箱中提出的巢蜜进行分类挑选，剔除含有结晶蜜、蜂花粉数量较多、未封盖巢房较多等的不合格产品，将合格的巢蜜装入已经消毒的包装盒内即可作为成品巢蜜进行出售，或密封后置于阴凉、干燥、通风的地方保存。

第六节　蜂花粉生产技术

蜜蜂访花时采集花朵雄蕊上的植物雄性生殖细胞，将唾液和花蜜混入后形成花粉团，装在后足的花粉筐里带回蜂巢的团状物即为蜂花粉。蜂花粉是蜜蜂的主要食物之一，含有丰富的营养物，是蜜蜂及幼虫生长所需蛋白质的主要来源。由于粉源植物不同，蜂花粉具有各种颜色，多数为黄色或淡褐色。

在外界粉源旺盛、蜂群内花粉充足的情况下，可以使用花粉收集器在巢门口采收花粉。在养蜂生产中进行蜂花粉生产，特别是在蜜源不足而粉源丰富的季节收集蜂花粉，不仅可以提高养蜂的生产效益，在巢内花粉过多限制蜂王产卵时还可以解除粉压子脾的问题，同时，收集的花粉在外界缺乏粉源时饲喂给蜂群，可以促进蜂群的生长繁殖。

蜂花粉采收的原理：养蜂生产中使用脱粉器收集蜂花粉，脱粉器主要由一个可插入蜂箱门的集粉盒和安装在巢门上的脱粉板组成，脱粉板上设有脱粉孔，工蜂能自由进出脱粉孔但其携带的花粉团通过网孔时大部分会被刮落下来，落到集粉盒中进行收集。

1. 蜂花粉的采收

（1）**时间选择**　各种粉源植物的花粉量不同，春季油菜开花时正值蜂群繁殖期，幼虫发育、幼蜂哺育都需要大量的花粉，此时可酌情进行少量收集，夏季以后的油菜、荞麦和茶树等蜜粉源开花时则可以大量生产蜂花粉。各种粉源植物的花药开裂的时间不同，应根据蜂场周围的具体植物种类确定安装脱粉器的时间。多数的粉源植物都在早晨和上午花粉较多，雨后初晴或阴天湿润的天气蜜蜂采粉较多。为保证蜂群采蜜，在流蜜期间蜜蜂采蜜高峰时，不宜安装脱粉器，以免影响蜂蜜生产。

（2）**安装脱粉器**　蜂种不同，适合使用的脱粉板孔径大小有所差异，采收蜂花粉时应根据饲养的蜂种选择脱粉器。脱粉器的安装工作应在蜜蜂采粉较多时进行，取下蜂箱前的巢门挡，清理巢门及其周围的箱壁后把脱粉器紧靠蜂箱前壁的巢门放置，脱粉器应安装严密，使所有进出蜂巢的蜜蜂都通过脱粉孔。为防止安装脱粉器引起蜜蜂偏集，生产花粉时，至少同一排的蜂群要同时进行脱粉。

脱粉器放置在巢门前的时间可根据蜂群内的花粉贮备量、蜂群的日采进花粉量决定，一般情况下，每天置于巢门口采收 1～2 小时，每群蜂每天可采集花粉 50～100 克。

每天脱粉结束后要及时处理脱下的蜂花粉，收取花粉时，动作要轻，以免花粉团破碎，取出收集的蜂花粉后要清理干净脱粉器具，以便下次使用。

（3）**蜂花粉的干燥**　蜜蜂刚采集的蜂花粉含水量很高，如不及时进行处理，极易发生霉变、发酵变质，并且混在花粉中的虫卵会孵化为成虫，蛀食花粉。因此，蜂花粉收集后应及时进行干燥处理，才能储藏待用。常用的干燥方法包括日光干燥、自然通风干燥、电热干燥、真空干燥、化学干燥剂干燥等。日光干燥是目前我国养蜂者普遍采用的将蜂花粉摊放在平面物体上置于阳光下晾晒的方法，此方法简单、无需特殊设备，但易受灰尘等杂质污染。使用此法干燥花粉时，为了减少紫外线照射对花粉中有效成分的破坏，应注意在上面盖一层白纸或白布。为防止夜间花粉吸潮，傍晚前需将晾晒后的花粉，装入塑料袋中密封，第二天再继续摊晒。自然通风干燥适用于少量花粉或多用于阴雨天的应急干燥。干燥时将收集的新鲜蜂花粉摊放在用支架撑起的干净的细尼龙纱网或纱布上，厚度不超过2厘米，罩上防蝇防尘纱网，放在干燥通风处自然风干。可使用电扇等设备辅助通风，加快干燥过程。但此方法所需时间较长，干燥的程度也不如日光干燥。

（4）蜂花粉的去杂和灭菌　采收的花粉中常常含有蜜蜂肢体、沙尘等杂质，可通过风力扬除和过筛分离进行去杂。花粉中包含许多微生物，可通过紫外线消毒法、冷冻法、射线辐照灭菌法等进行灭菌。

（5）蜂花粉的包装贮存　使用清洁、无毒、无异味、符合食品卫生标准的塑料袋进行密封包装后放在通风干燥、低温避光、无异味的场所暂存。

2. 采粉蜂群的管理

（1）场地的选择　粉源丰富是获得蜂花粉高产的前提条件，应尽量选择大面积种植油菜、玉米、向日葵、荞麦、茶花、西瓜等植物的场地放蜂。同时要特别注意，蜂场周围5千米的范围内，不得有雷公藤、藜芦等有毒粉源植物。避开经常喷洒农药的粉源场地以及受工业废水、废气、废渣等污染的区域。生产花粉的蜂群应放置在清洁的地方或草地上，以减少灰尘等杂物混入。

（2）组织采粉蜂群　蜂种不同，采集花粉的能力也不一样，选择采粉积极性高的蜂种进行花粉生产。一般蜂王浆高产的蜜蜂品系，工蜂泌浆所需的花粉量大，采集花粉的积极性比较高。采粉生产需要蜂群内含有大量适合采粉的青壮年蜂，所以在粉源植物开花前45天至花期结束前30天左右就需促王产卵，培育适龄采粉蜂。在进入粉源场地后通过抽调封盖子脾调整蜂群，组成8～10足框群势的蜂群进行花粉生产。

（3）**使用产卵旺盛的蜂王**　卵虫少或无卵虫的蜂群中蜜蜂很少采粉，应使用产卵旺盛的蜂王进行蜂花粉收集，如果失王，及时补充已产卵的蜂王。在生产过程中不换王、不治螨。

（4）**连续脱粉**　如果蜂群中存粉较多，可以适当将群内的花粉脾抽出，妥善保存，使蜂群保持贮粉不足的状态，以激发蜜蜂采粉的积极性。在粉源旺盛的季节，脱粉应连续进行，以避免巢内存粉过多，保证蜂花粉生产的稳定性。

（5）**不轻易转地**　蜂群的转运会加速工蜂的老化，转地后蜂群内适龄采粉蜂减少，影响蜂花粉的产量。所以在生产蜂花粉过程中，只要粉源条件不是太差，产量能保持在一定的水平，就不要轻易进行转地。

（6）**防止污染**　在整个花粉生产期，蜂群不得使用任何药物，以防止采收的花粉被污染。

（7）**脱花粉期间不割除雄蜂**　割除雄蜂蛹后，工蜂就要对雄蜂房中的虫蛹进行清除，安装脱粉器后，会有许多虫蛹残体落入集粉盒中，污染收集的花粉。同时由于脱粉孔的阻隔，不利于蜂群的清理工作，使巢门内堆积大量的雄蜂蛹躯体。生产花粉期间割除雄蜂，对蜂花粉的产量和质量都会造成一定程度的影响。

第七节　蜂胶采收技术

蜂胶是工蜂从胶源植物的芽苞、幼芽或枝杆的愈伤组织上采集的树胶或树脂，并混入其上颚腺分泌物和蜂蜡等加工而成的胶状混合物质。蜂胶的颜色与胶源植物直接相关，多为黄褐色、棕褐色或灰褐色。蜂胶具有很好的防腐抗菌作用，在降血糖、降血脂、抗氧化、调节免疫等方面有良好的效果，近年来在医药、食品、化妆品以及畜牧养殖等领域都有一定的应用。

蜂胶主要被蜜蜂用于填塞蜂箱的缝隙、孔洞，缩小巢门，磨光巢房壁，加固巢脾或包裹入侵蜂群的外来物等，主要分布在框梁、副盖、覆布、框耳、隔王板、箱壁、巢门等部位，其中蜂巢上方集胶最多。

采集蜂胶是西方蜜蜂的习性，但不同蜜蜂亚种的采胶能力差异很大，其中高加索蜂的采胶性能最好，意大利蜂和欧洲黑蜂次之，卡尼鄂拉蜂和东北黑蜂较差。

1. 蜂胶的采收

目前生产中使用的采收蜂胶的方法主要有直接刮取、盖布取胶以及集胶器取胶。

（1）**直接刮取**　结合蜂群管理进行刮取蜂胶是最简单的采胶方法，在平时检查蜂群时，直接用起刮刀把纱盖、继箱和巢箱箱口边沿、隔王板、巢脾框耳下缘或其他空隙处的蜂胶依次刮取下来，注意不要混入蜂尸、木屑等杂物。

（2）**盖布取胶**　用优质的白布、麻布等作为集胶盖布，在巢脾框梁上横放几根木条，使盖布与上框梁间形成0.3厘米左右的空隙，促进蜜蜂把蜂胶积累在盖布和框梁之间。取胶时把盖布置于太阳下晒软后用起刮刀刮取，刮完胶后，把盖布有胶的一面朝下放回蜂箱，继续收集蜂胶。在气温较低的季节使用盖布集胶有助于蜂群的保温，如果气候炎热，盖布会影响巢内的通风、造成群内闷热，此时可使用尼龙纱网代替盖布。收取蜂胶时也可以把盖布或尼龙纱网放入冰柜，蜂胶冷冻后会变脆，提出进行敲搓蜂胶即可自然落下。

（3）**集胶器取胶**　集胶器是根据蜜蜂在巢内集胶的生物学特性设计的蜂胶生产工具，可从市场上直接购买。使用集胶器取胶可有效提高蜂胶的产量和质量。生产中使用的集胶器有板状格栅集胶器、可调式格栅集胶器、框式格栅集胶器、巢门格栅集胶器、巢框集胶器以及继箱集胶器等类型。

采收蜂胶的次数应根据蜂群的集胶速度确定，在外界胶源丰富、蜜蜂采集积极性较高的情况下，一般每隔15天左右就可取一次胶。

（4）**蜂胶的包装贮存**　采收后的蜂胶应及时用塑料袋封装，以减少蜂胶中芳香物质的挥发。包装材料应符合食品卫生安全标准的要求，能够防潮、密封性好。包装后，标明采收时间、地点以及胶源植物种类，暂存于纸箱或塑料桶等容器中，存放在干净、阴凉、通风避光、干燥无异味的地方，严禁日晒、雨淋及有毒有害物质的污染。

2. 采胶蜂群的管理

（1）**场地选择**　采胶场地要远离污染区和喷洒农药的胶源植物，选择在胶源植物数量多、种类丰富、生长旺盛、泌胶量大的地方放置蜂群。

（2）**采胶时间**　在外界最低气温15℃以上的晴朗天气进行采胶生产，气温低于20℃时，胶源植物泌胶较少。从事采胶的蜜蜂多为老蜂，所以生产群要强壮健康并有适量老蜂，才能保证蜂群的采胶性能。生产蜂胶要着力组织和利用有较多老龄采胶蜂的蜂群。目前的养蜂生产中，蜂胶采收的专一化程度还较低，养蜂者很少单独组织蜂群进行蜂胶生产。

（3）**蜂种选择**　中蜂不采集蜂胶，西方蜜蜂中的高加索蜂采胶能力最强，含有高加索蜂血统的杂交蜂种通常也会表现出较强的采胶能力。养蜂生产中可通过定向选择，提高蜂种的采胶性能。

（4）**及时采胶**　蜜蜂采胶是为了满足蜂群堵塞箱缝、缩小巢门等需要，蜂群内需要蜂胶填补的部位积满蜂胶时，蜂群的采胶积极性就会降低。及时进行蜂胶采收，可刺激蜜蜂的采胶积极性，提高蜂胶的产量。

（5）**避免污染**　采集和贮存蜂胶不应使用金属用具，铁纱副盖会造成蜂胶被重金属铅污染，因此取胶生产中要避免使用铁纱副盖，可使用无毒、无异味的尼龙或塑料纱网。蜂胶生产期间要严禁使用蜂药，以免造成污染。蜂胶采收前应先将赘脾等清理干净，以免蜂胶中混入过多的蜂蜡。

第八节　雄蜂蛹的采收

蜜蜂是全变态昆虫，个体发育需经历卵、幼虫、蛹和成虫4个阶段。蜂王产下雄蜂卵21~22天，即雄蜂幼虫封盖后11~12天时雄蜂蛹的附肢已基本完成发育，但翅尚未分化、体壁几丁质尚未硬化，蛹呈乳白色，正适合食用，并且由于变态的消耗，这个日龄的雄蜂蛹体型缩小，体壁表皮具有一定的坚韧度，容易进行采收。雄蜂蛹中维生素和矿物质的含量极为丰富，是营养价值很高的天然食品，极具商品价值。

1. 生产雄蜂蛹的基本条件

外界蜜粉源条件丰富，巢内蜜粉饲料贮备充足，必要时进行奖励饲喂，饲喂花粉糖饼，保证蜂群内花粉供应充足。蜂群需健康无病，特别是不能有幼虫病，群势较强，有产生分蜂热、培育雄蜂的欲望。大规模生产雄蜂蛹，须有充足的雄蜂脾和蜂王产卵控制器等工具，并配备锋利的割蜜盖刀具、镊子、承接雄蜂蛹的容器等。

2．修造雄蜂脾

在主要流蜜期或辅助蜜粉源丰富的时期将装有雄蜂巢础的巢框放入强群中修造，对蜂群适当进行奖励饲喂，加快造脾。要求造好的雄蜂脾脾面平整、无破损、无工蜂房。

3．组织产卵蜂群

选择健康无病、群势强壮的双王群，把雄蜂脾放于蜂王产卵控制器后置于巢箱内幼虫脾和封盖子脾之间，让工蜂进行清理，次日把产卵蜂王放入蜂王产卵控制器，迫使蜂王在雄蜂脾上产卵。蜂王产卵36小时后，把产满未受精卵的雄蜂脾提出放到哺育蜂群中进行孵化、哺育。产卵群可重复利用，并不间断地进行奖励饲喂，刺激蜂王持续产卵。

4．组织哺育群

为保证蜂群对雄蜂幼虫的充分哺育，可及时将产上卵的雄蜂脾从产卵群中提出，捉走蜂王、抖落工蜂后，加入到事先准备好的强群内进行孵化哺育。哺育群必须群强、保持蜜粉饲料充足，无螨害和敌害。在雄蜂蛹封盖之前连续对哺育蜂群进行奖励饲喂，必要时从其他蜂群中抽调老熟封盖子脾，加强哺育群群势。

5．采收雄蜂蛹

采收雄蜂蛹之前，打扫干净场地，用75%的酒精对采收工具进行消毒。在蜂王产下雄蜂卵后第21～22天，把封盖雄蜂脾从哺育群中提出，抖落脾上的蜜蜂。有冰柜的蜂场最好先将雄蜂蛹脾放入冰柜内冷冻5分钟左右，将蛹脾的封盖冻硬，以方便蜡盖的割除。割取蜂房蜡盖之前，先把雄蜂蛹脾水平放置，用木棒或割蜜刀背在巢脾上梁轻轻敲击几下，让巢脾上半面的雄蜂蛹沉入房底，使雄蜂蛹的头部和巢房房盖之间空出一定的距离后，再用锋利的割蜜盖刀把雄蜂蛹上的蜡盖割掉，以免割到蜂蛹的头部。割完一面后，把巢脾翻面，使割开的巢房口朝下，轻轻敲击巢脾上梁，将雄蜂蛹震落于盛放器具中，用同样的方法收集巢脾另一面中的蜂蛹，对仍留在巢房中的个别雄蜂蛹，用镊子夹出，及时剔除躯体破损或日龄不一致的雄蜂蛹。

6．加工储存雄蜂蛹

雄蜂蛹采收后要及时进行避光冷藏或保鲜处理，否则蛹体内的酪氨酸酶会在短时间内使蜂蛹变黑。较为简单的方法是尽快将雄蜂蛹装入食品塑料袋或其他容器中密封后放入冰箱或冰柜中冷冻保存。如无冷冻条件，可用盐渍法进行处理。把饮用水和精制食盐按照2：1的比例配成盐水，放入锅中煮沸备用。将采收的雄蜂蛹倒入盐水中煮沸15分钟左右捞出，摊开沥水晾干，密封包装后，暂时保存于阴凉通风处。

第九节　蜂毒采收技术

蜂毒是工蜂毒腺和碱性腺分泌的具有芳香气味的透明毒液，平时贮存在毒囊中，蜜蜂受到刺激进行防卫螫刺敌体时蜂毒会从螫针排出。蜂毒是一种淡黄色的透明液体，在常温下会很快挥发干燥至原液重量的30%～40%，形成骨胶状的透明晶体。

蜂毒含有多种生物活性物质，成分非常复杂，主要包括多肽类、酶类、生物胺、氨基酸以及脂类等。蜂毒具有抗炎免疫、抗辐射、抗肿瘤等作用，可用于治疗风湿性关节炎、类风湿性关节炎、神经炎以及心血管疾病、口腔疾病和皮肤病等，但使用蜂毒治疗疾病须在医生的指导下进行。

刚出房的工蜂毒液很少，随着日龄增长，毒液量增加，18日龄后，工蜂毒囊里的存毒量较多，每只工蜂约有蜂毒0.3毫克。

1．采收蜂毒的条件

采收蜂毒应选择有较多青壮年蜂的强壮蜂群，群内保持蜜粉充足，一般在春末、夏季有较丰富的蜜粉源大流蜜期即将结束、外界气温保持在20℃以上的晴朗天气适宜进行蜂毒采集。蜂毒采收人员应健康、无严重蜂毒过敏反应，操作前准备好相应的取毒用具。

2. 蜂毒的采收

采收蜂毒的方法经历了直接刺激取毒、乙醚麻醉取毒和电取蜂毒的发展阶段，目前电取蜂毒法经过不断改进和完善，已日渐成熟。电取蜂毒法具有操作简便、对蜜蜂的伤害较轻、生产的蜂毒产量和纯度较高等优点，是目前使用的主要取毒方法。

电取毒器种类较多，一般都是由电源、电网、取毒托盘、平板玻璃等几部分构成。电网由间隔6毫米左右的不锈钢丝制成栅状，电网下面紧贴尼龙纱，尼龙纱下面放一块玻璃板，玻璃板和尼龙纱之间的间隙为2毫米。将取毒器安装在相应部位后，接通电源，通过调节间歇脉冲电流给蜜蜂适当的电击刺激，蜜蜂受到电流刺激后会收缩腹部，螫针刺穿尼龙纱向采毒板攻击，将毒液排在玻璃板上。取毒应在早晚进行，以免影响蜜蜂的采集活动。每群每次取毒约7~10分钟，待蜜蜂安静后，将取毒器转移到其他蜂群继续取毒，采集10个左右的蜂群后抽取集毒板，用不锈钢刀片将蜂毒刮下装入干净的玻璃瓶中，瓶口用木塞盖严，并用熔化的纯蜂蜡密封，以防止蜂毒中有效成分的挥发。蜂毒应置于阴凉、干燥、卫生的场所暂时贮存。

采收蜂毒时蜜蜂受到电击刺激，极易螫人，因此取毒操作人员要穿好防护服装，戴上面网，同时避免其他人员及家畜进入蜂场，以免被螫，发生危险。

第八章　产浆期的蜂群管理

第一节　蜂王浆常规生产技术

蜂王浆（图8-1）是蜜蜂用于饲喂蜜蜂幼虫及蜂王的食物，成分复杂，是天然的保健品，我国是主要的蜂王浆生产国，蜂王浆产量占世界总产量的90%以上。生产蜂王浆是挖掘养蜂生产潜力的一个途径，只要措施得当，生产王浆可以有效提高养蜂的经济效益。

图8-1　蜂王浆

1. 产浆群的选育

生产蜂王浆需要较大的群势，产浆群的选育应该针对繁殖性能好、蜂群发展较快、能维持强群的蜂群进行。目前，我国的蜂王浆高产型蜜蜂蜂种主要为浙江平湖、萧山、嘉兴等地定向选择出的浙江浆蜂。浙江浆蜂的产浆性能比原种意大利蜜蜂有明显提高，但10-羟基-2-癸烯酸（10-HDA）的含量相对较低，可利用浙江浆蜂作为育种素材，在王浆高产的基础上，进行提高王浆品质的蜂种选育，同时加强抗螨性、抗病力的筛选。

2. 产浆群的组织

根据外界的气温条件和蜂群的群势，在移虫的前一天组织好产浆群。强群是获得王浆高产的前提，应挑选采集力强、哺育蜂过剩的强群组织产浆群，以保证有充分的泌浆能力。

（1）**继箱产浆群的组织**　蜂群群势达10足框以上时，用隔王板把蜂王隔离在巢箱中，上面加继箱，继箱内放幼虫脾、封盖

图8-2　利用强群产浆

子脾和蜜粉脾，浆框放在继箱中的子脾之间，因为子脾上的哺育蜂较多，使继箱内保持3张以上的虫、蛹脾以及充足的蜜粉饲料（图8-2）。巢箱中应有空脾或有空巢房的巢脾，给蜂王提供足够的产卵位置。对巢箱和继箱的巢脾需经常调整，保持浆框两侧有幼虫脾，蜂群蜂脾相称，注意检查蜂群消除自然王台及急造王台，防止无王区出现处女王。

（2）**平箱产浆群的组织**　使用卧式箱和标准箱的平箱生产王浆时，用框式隔王板把蜂巢隔成有王区和无王区，在有王区放置老蛹脾、卵虫脾以及空脾，使蜂群正常进行繁殖，在无王区内产浆，其中保持1~2张蜜粉脾，2~3张蛹脾、幼虫脾，浆框下在子脾之间。在产浆过程中需经常调整两区的巢脾。

（3）**双王产浆群的组织**　双王群一般可以维持较强的群势，具有充足的后备蜂力，产浆的潜力较大。组织双王产浆群时，用闸板把巢箱分割为左右两区，各放一只蜂王，巢箱上放隔王板，上面加继箱，组织方法同继箱产浆群。

3. 补粉奖糖

巢内饲料是否充足直接影响蜂群的产浆量大小，如果外界有长时间不间断的粉源，只要有辅助蜜源就可以达到王浆稳产的目的。用于产浆的蜂群应保证饲料充足，特别是不能缺少蛋白质饲料。如缺乏花粉，蜜蜂会停止泌浆，因此产浆期间要注意饲料的补充和调整，确保蜂群泌浆

的积极性。

奖励饲喂可以促进蜂王产卵以及工蜂泌浆育虫，外界蜜源较少时，为刺激蜂群繁殖的积极性，在巢内饲料充足的基础上，可在每天傍晚使用稀薄的蜜汁或糖浆连续饲喂产浆群。因奖励饲喂所用的饲料含水量较大，为防止发酵变质，应现用现配。蜂蜜与水按1∶1、白糖与水按1∶2的比例进行配制后，加入饲喂器中，每群每次0.2~0.3千克，在饲喂器中放入木棍或草秆等漂浮物，以防蜜蜂在取食时落入饲料中被淹死。

花粉是自然蜂群中唯一的蛋白质来源，幼虫的生长和幼蜂的发育都离不开花粉的供给，产浆期间如果外界粉源不足，应及时给蜂群人工补充花粉（图2-11）。将购买或储存的花粉用蜂蜜或糖溶液充分浸泡后，揉捏成饼状，放在巢脾的框梁上，让蜜蜂取食。为防止花粉饼失水变干，可在饲喂时在花粉饼上覆盖一层塑料薄膜。

4. 调节产浆群温湿度

如果巢内温度太高，蜜蜂会离巢散热，影响王浆的产量，在高温季节，应适当采取给蜂箱遮阴、加强蜂巢的通风等措施。蜜蜂使用水调节蜂巢的温湿度，对水的需求量很大，应在蜂场内设置洁净的采水设施或采取巢内喂水的方式，降低蜜蜂出巢采水的工作量，促进产浆群维持合适的温、湿度，保证哺育蜂在产浆框上的密集。

5. 生产王浆

（1）生产王浆的条件
①外界气候正常，气温较为稳定。
②外界蜜粉源丰富，粉源可以持续一定的时间。
③蜂群的群势较强，有较多的幼蜂，哺育能力过剩。
（2）生产王浆的工具　生产蜂王浆的工具可以自己制作和购买。主要包括浆框、台基、移虫针、取浆笔、镊子、王浆瓶，另外还有消毒用的酒精、割除王台蜂蜡的刀子、覆盖采浆框的毛巾和纱布等（具体图片详见第一章）。
（3）王浆生产
①**准备幼虫脾**　在王浆生产过程中，要用到很多适龄幼虫，为避免

产浆条

图8-3 清理浆框

频繁检查很多蜂群，快速找到合适的虫脾，提高工作效率，应有计划地培养幼虫脾。选择一定量的新分群和繁殖群，在移虫前4~5天加入空脾，移虫结束后把该脾放入大群，重新加入空脾供蜂王产卵，每隔一段时间从大群中提出封盖子脾加到准备幼虫脾的蜂群中，维持蜂群的群势。

②组织产浆群

③安装浆框　如果使用自制的台基，首先应将台基粘在王浆条上，使用批量生产的塑料台基时，直接将购买的塑料台基条扣在浆框的相应凹槽处即可。将安装好的浆框放入欲进行产浆的蜂群中，让工蜂清理加工一段时间。如使用蜂蜡台基，在移虫前让工蜂清理2~3小时即可，如使用塑料台基，应延长清理修整的时间，提前1~2天把浆框加入蜂群中（图8-3）。

④移虫　找到幼虫脾，抖落上面的蜜蜂，在明亮、洁净的环境中进行移虫。可把幼虫脾平放在隔板上，浆框置于脾上，转动台基条使台基口朝上，使用移虫针将底部王浆充足的一日龄的幼虫转移到台基中（图8-4、图8-5），移虫时动作要迅速准确、避免碰伤幼虫。移虫之后及时把幼虫脾放回蜂群，暴露时间不要过久，以免影响幼虫的正常发育。

图8-4　移虫

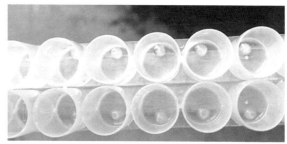

图8-5　移入蜂王台基中的蜜蜂幼虫

⑤**插入浆框** 移虫完毕的浆框台基口向下，放入产浆群的幼虫脾之间（图8-6），初次移虫时幼虫接受率较低，可在移虫之后3～4小时或第二天提出浆框进行检查，把未接受的台基内的蜂蜡等物质清除干净后补移上同龄幼虫，以提高台基的利用率，增加王浆的产量。

⑥**提取浆框** 移虫之后70小时左右，将浆框从蜂群中取出（图8-7），手持产浆框侧条的下端，轻轻抖落上面的蜜蜂，再用蜂扫把剩余的蜜蜂扫净，转移到干净卫生的地方。

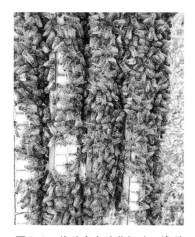

图8-6 将移完虫的浆框放入蜂群

⑦**从台基中取出王浆** 用刀子逐个割去王台基上部加高部分的蜂蜡，要割得平整，注意不要割成斜茬或割破虫体，用镊子夹取出幼虫（图8-8），要小心轻夹，防止带出王浆或夹破虫体、漏取幼虫，之后用王浆笔沿着台基内壁轻轻刷一周，将王浆取出来，刮入王浆瓶（图8-9、图8-10）。应尽量把台基内的王浆取干净，以防残留的王浆干燥结块。

图8-7 取出浆框

图8-8 清理蜡盖并用镊子移走幼虫

图8-9 取浆（一）

图8-10 取浆（二）

⑧**修补台基** 修补取完浆的台基，处理干净未接受台基中的赘蜡，再次进行移虫产浆。

在生产蜂王浆的过程中要注意保持卫生洁净，使用的刀子、取浆笔和镊子都要使用75%的酒精消毒，提出的浆框不要随意乱放，取浆过程中应尽量减少在高温的环境中的暴露时间，避免接触灰尘、杂质等，取出的王浆装满王浆瓶后要密封瓶口，放入冰箱中进行保存（图8-11）。

图8-11 取浆后迅速放入冰箱冷冻保存

第二节 免移虫产浆技术

利用仿生学原理，江西农业大学蜂学研究团队设计了一种免移虫生产器（图8-12～图8-16），将配套托虫器插入人工塑料空心巢础后，放入蜂群中，让工蜂进行造脾。等人工巢础造好巢脾后，让蜂王在巢脾上产卵，第4天，当巢房中的卵孵化成小幼虫后，从人工塑料巢脾上取出托虫器，并把托虫器安装在底座带孔的产浆条或育王王台上，然后把产浆条或王台放入蜂群中进行蜂王浆生产（图8-17）或育王（图8-18）。

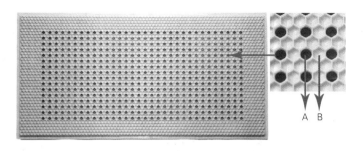

图8-12 免移虫生产器面板正面

（A为空心巢础底，B为实心巢础底）

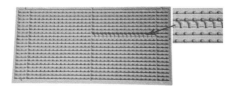 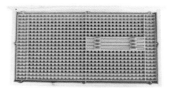

图8-13　免移虫生产器面板反面（一）　图8-14　免移虫生产器面板反面（二）

图8-15　单个王台与单个托虫器组合图

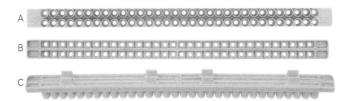

图8-16　免移虫工具组合图

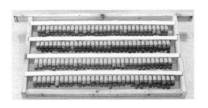 

图8-17　免移虫技术生产王浆　　图8-18　免移虫技术育王

第九章 蜜蜂常见病虫害的防治

第一节 蜜蜂病虫害相关的概念

1. 蜜蜂疾病的概念

蜜蜂和其他动物一样，在长期的进化与人工的选育下，对周围的生物或非生物因素有了一定的适应范围，形成了固有的种群生物学特性。若外界的刺激超过了机体正常的自身调节能力，扰乱了机体正常的生理功能与生理过程，就会产生功能上、结构上、生理上或行为上的异常，这些异常就是疾病。

2. 蜜蜂病害发生的特点

蜜蜂是以群体生活的社会性昆虫，蜂王的主要任务就是产卵，蜂群群势与蜂王息息相关，一旦蜂王感病则产卵能力下降甚至停卵，会立即削弱蜂群的实力，甚至全群覆灭；蜂王感病还会造成蜂群失王，使原先正常有序活动的工蜂变得混乱，还容易引起工蜂产卵，最终也将导致蜂群灭亡。

工蜂负责哺育后代、蜂巢的修建、蜂产品的采集和生产，而雄蜂主要与处女王交尾传代。三型蜂互相依赖，缺一不可，因此蜜蜂感染疾病是以整个蜂群而言的。在蜂群中，任何一型蜂的发病，都将导致蜂群停止发展，都可以认为是整个蜂群发病了。若占蜂群绝大多数的工蜂发病，不仅立即影响到内外勤活动，群势也将日益下降。蜂子感病，蜂群后续无蜂，同样会走向衰退。

3. 蜜蜂病害的分类

按疾病的病原可分为以下三类。

①传染性病害：包括病毒病、细菌病、真菌病、原生动物病。

②侵袭性病害：包括各种寄生螨、寄生性昆虫、寄生性线虫等。

③非传染性病害：包括遗传病、生理障碍、营养障碍、代谢异常、中毒以及一些异常等。

4. 蜜蜂病害的常见症状

蜜蜂各种疾病的症状大致可分为以下几类：

（1）**腐烂**　主要由于宿主的组织细胞受到病原物的寄生而被破坏；或者由于非生物因素使有机体组织细胞死亡，最终被分解成带有各种不同的腐臭气味的腐烂物（图9-1）。

（2）**变色**　蜜蜂感病后，不论虫态、虫龄，或是病原的种类、病蜂体色均发生变化，通常由明亮变暗涩，由浅色变为深色。感病幼虫体色由明亮光泽的白色变成苍白，继而转黄，直至变为黑色（图9-2）。

图9-1　腐烂的蜜蜂幼虫

图9-2　感病变色的幼虫

图9-3 蜜蜂卷翅病
（W.Virgina摄）

（3）**畸形** 蜜蜂病害症状中的畸形，除了指肢体的残缺外，还包括躯体的肿胀等偏离了正常的形态。常见的蜜蜂畸形有：螨害及高、低温引起的卷翅、缺翅（图9-3）；许多病原菌引起的腹胀等。

（4）**"花子"及"穿孔"** 这是蜜蜂特有的症状。不是指病虫，而是蜂子感病后表现在子脾上的变化。正常子脾同一面上，虫龄整齐，封盖一致，无孔洞。而感病后的蜂子，逐一被内勤蜂清除出巢房，无病的幼虫正常发育，蜂王又在清除后的空房内产卵，或空房。造成在同一封盖子脾的平面上，同时出现健康的封盖子、空巢房、卵房和日龄不一的幼虫房相间排列的状态，即为"花子"（图9-4）。"穿孔"是指蜜蜂子脾房封盖，由于感病后房内虫、蛹的死亡，内勤蜂啃咬房盖而造成房盖上的小孔（图9-5）。熟练掌握蜜蜂病害的症状，对病害的诊断具有一定的参考价值。

图9-4 "花子"现象

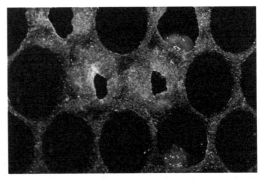

图9-5 "穿孔"现象

5．敌害的概念及特点

蜜蜂的敌害指的是以蜜蜂躯体为捕食对象的其他动物。还有一些通过掠食蜂群内蜜、粉及严重骚扰蜜蜂正常生活及毁坏蜂箱、巢脾的动物也属于敌害。对蜜蜂个体的捕杀是敌害最突出的特点，往往发生突然，时间较短，但危害程度却十分严重。

6．敌害的分类

蜜蜂敌害可分为以下几类。

①**昆虫及蜘蛛** 危害蜜蜂的昆虫包括鳞翅目、双翅目、膜翅目、缨翅目、蜻蜓目、直翅目、革翅目、等翅目、啮虫目、捻翅目、脉翅目、半翅目、鞘翅目等13个目的部分昆虫；蛛形纲则包括蜘蛛目及伪蝎目的部分种类。

②**两栖类动物** 主要为蛙及蟾蜍。

③**鸟类** 主要是蜂虎。

④**哺乳类** 包括食肉动物如熊、黄喉貂、黄鼠狼等；啮齿动物如各种鼠类；食虫动物如刺猬等；食蚁动物及灵长类动物。

7．敌害造成的损害

敌害攻击虽然时间短，但往往造成十分严重的损害，如一只熊一夜能毁坏数十箱蜜蜂，造成子、蜜脾毁坏，蜂箱破裂；两只金环胡雄蜂二三日之间可杀4000余只外勤蜂；蜂场周围的蜂虎，可造成婚飞的处女王损失；一只小小的蟾蜍也可一口气吞食百余只外勤蜂；黄喉貂一夜可使数箱至十几箱蜜蜂遭翻箱毁脾的灭顶之灾。所以对敌害要有充分的认识。特别在山区，有时某种敌害的威胁高于病害的威胁，造成的损失也大于病害，千万不可掉以轻心。

第二节　常见蜜蜂病毒病及防治

蜜蜂病毒病可发生于蜜蜂的幼虫期、蛹期及成虫期，以成虫期的病毒病种类最多。下面介绍几种我国常见的病毒病。

1．囊状幼虫病

（1）**囊状幼虫病的症状** 蜂尸不腐烂，无臭味，易被工蜂清除；初期患病的幼虫不封盖即被工蜂清除，病虫死亡后，巢房下陷，中间穿孔。

图9-6 龙船状感病幼虫（M. V. Smith 摄）

图9-7 囊状病典型的"尖头"症状

图9-8 感病幼虫呈囊状袋样

蜂王重新在新清理的空巢房里产卵，造成许多巢房形态不一，形成"花子"及埋房现象，逐渐干枯呈龙船状鳞片（图9-6）。

（2）囊状幼虫病的简易诊断 养蜂生产实践中，对该病的诊断应把握以下几个要点：首先是时间，南方在早春和秋季越冬前易感病，北方5～6月前后易感病；其次是通过幼虫患病的典型症状来诊断，最明显的症状就是"花子"（图9-4）和"尖头"（图9-7）现象。在蜂箱前可观察到零散的死亡幼虫，还有蜜蜂从巢内拖出病死幼虫，可疑为本病，再检查幼虫和封盖子脾，是否死亡幼虫比健康幼虫多，且出现虫卵相间的"花子"现象，即可作出初步诊断。

（3）囊状幼虫病发病特点及规律 囊状幼虫病病毒一般在1～2日龄小幼虫阶段通过消化道侵入，潜伏期4～7天，而在5～6日龄大幼虫阶段出现明显的症状，头部离开巢房壁翘起，形成钩状幼虫，虫体由苍白色逐渐变为淡褐色，由于虫体后部皮下渗出液增多，呈现典型的囊状袋（图9-8）。患病幼虫多在8～9天封盖时死亡，体色由淡褐色变为深褐色或黑色（见图9-2），后期呈一干片，似龙船状。病害常常通过蜜蜂在采集活动中的相互接触而互相传播；此外，在饲养管理中使用被病毒污染过的饲料、混用蜂具和互调蜂群等都会造成人为污染。

此病中蜂抗性很弱，发病具有明显的季节性，南方多发生于2～5月和11～12月；北方发病较晚，一般出现在5～6月。该病的发生还与气候、蜜源和蜂种有关。

（4）囊状幼虫病的防治要点

①加强饲养管理，预防为主

a. 秋冬和早春，做好蜂具消毒工作　蜂箱可用1%～2%氢氧化钠水溶液洗刷消毒，空脾可用4%甲醛溶液浸泡消毒24小时，花粉脾可用冰醋酸蒸气密闭熏蒸消毒。使用这些蜂具前，先通风放置。

b. 稳定巢内温度，避免蜂群受冻　早春和晚秋因气温不稳定，蜂群常受到低温侵袭，对蜂群的生长发育有较大影响，所以，早春和冬季对蜂群的保温十分重要。应调整蜂脾关系，使蜂多于脾或保持蜂脾相称；要做到温度急剧上升时，及时撤除保温物；寒流或冷空气来临时，及时恢复保温物，这样才能达到巢内气温比较稳定的目的。箱外可以用干净麻袋包扎保温或用农用厚塑料薄膜进行制袋套装蜂箱，箱盖、底用麻袋或干稻草遮垫保温。箱内用隔板隔一个空室，用事先捆好的小捆棕丝填满空室（或用废旧棉花、棉衣），并且定时取出棕丝暴晒干后再回填蜂箱空室保温。待到3月上旬，先撤箱内保温棕丝，中旬撤除箱外保温物。另外，早春和冬季对中蜂进行保温，能够提高、稳定巢内气温，有利于蜂群的生长繁殖。

c. 及时检查蜂群，确保蜂群饲料充足　蜂群内饲料不足时，要及时补充花粉、糖水，保证蜂群正常营养需要，增强蜜蜂对疾病的抵抗能力。利用框式隔王栅，将蜂王分隔在靠箱边的边框上集中产卵，当产卵满框时，再提一框优质空巢脾插入第2框供蜂王继续产卵，当边框子脾全部封盖后，第2框巢脾产卵满框后，把箱边第1框封盖子脾调到隔王栅外第1框位置，把产满卵的子脾移至箱边第1框，循环把优质空巢脾插入第2框供蜂王产卵，这样有利于蜂王集中在一块巢脾上产卵，哺育蜂集中在一块哺育，老、弱蜂在边脾起保温、扇风等作用。通过集中产卵、哺育的子脾，非常整齐，且能防止病虫害的发生，提高子脾的孵化质量，有利于蜂群的健康生长发育，从而达到抗病的目的。

d. 断子清巢，阻隔病原传播，控制病情发展　疾病发生时，对患病较轻而又无法转到异地隔离治疗的蜂群，应实行断子、换箱、换脾、换王等措施，用王笼将病群内的蜂王扣起，暂时断子。工蜂会清除巢脾上的病死幼虫，如果病情严重可适当用药，补充营养，从而减少病原的积累，切断传染链，减轻病情。把病群的所有巢脾换出来销毁，换上消过毒的优质巢脾或新巢础；介绍无病群的优质成熟王台或介绍刚出房的处女王（若存储有处女王，可将处女王放入保护网中介绍到蜂群中，几天后蜂群不围王后再放出处女王），同时进行药物防治，每2天饲喂1次，待新王交配成功产卵后，每5天饲喂1次，当第1框子脾正常封盖后，说明蜂群已恢复正常。

②**选育抗病品种，并全场推广** 在养蜂实践中，若蜂群发病，仔细观察能自然抵抗疾病的蜂群，从发病蜂场挑选抗病力强的蜂群，培育处女王，并杀死全场病群中的雄蜂。培育的蜂王用于替换病群中的蜂王，这样经过几代选育，可降低中蜂囊状幼虫病的发病率。

③**药物防治**对于患病蜂群可采用以下中草药配方进行药物防治：

a. 金银花50克，甘草25克，半枝莲50克，贯众50克，将药放入容器内加适量水，一般以淹没药为宜，煎煮后过滤，取滤液按1∶1的比例加白糖，配成药液糖浆喂蜂，上述每一剂量可喂10~15框蜂。

b. 华千斤藤（海南金不换）干块根，8~10克，煎汤，可用于10~15框蜂的治疗。半枝莲的干草50克，煎汤，可治20~30框蜂。五加皮30克，金银花15克，桂枝9克，甘草6克，煎汤，可用于40框蜂的治疗。

c. 中西药结合进行治疗。已经发病蜂群可在中草药的基础上加入西药进行饲喂治疗，每2天喂1次，10天为1个疗程。即在上述中草药用量中加入山西振兴鱼蜂药业公司生产的囊立克500毫升，或者用兽用病毒灵500毫升，进行饲喂治疗。喂药至第1批子脾正常封盖后，每周再喂1次，至第2批子脾正常封盖即可停药。

④**防治小经验** 中蜂囊状幼虫病是目前危害中蜂较为严重的病害，蜂农的实践经验证明，对患有囊状幼虫病的蜂群补钙，可在一定程度上缓解病情。按2份水兑1份白糖的比例混合，搅拌均匀后加热至70℃左右，加钙后冷却至常温。病情较轻的蜂群每千克糖浆加6克柠檬酸钙粉；重病蜂群每千克加6克柠檬酸钙粉，再加100克Ca（OH）$_2$饱和溶液（即农村盖房时用的石灰坑里的澄清石灰水）。切忌多加柠檬酸钙粉，否则会加重病情。使用量按蜂脾计，每脾蜂喂含钙的糖浆100克，每天1次。饲喂1星期左右，病情有所减轻，此后可继续多喂一段时间。

2．慢性麻痹病

蜜蜂慢性麻痹病又叫瘫痪病、黑蜂病，是危害成年蜂的主要传染病之一，在我国春、秋两季可引起成年蜜蜂大量死亡。

（1）**慢性麻痹病的症状**　慢性麻痹病的症状有两种主要类型。一种为"大肚型"，即病蜂腹部膨大，蜜囊内充满液体，内含大量病毒颗粒，身体和翅颤抖，不能飞翔，在地面缓慢爬行或集中在巢脾框梁、巢脾边缘和蜂箱底部，均表现为反应迟钝、行动缓慢。另一种为"黑蜂型"，即病蜂身体瘦小，头部和腹部末端油光发亮，有些病蜂身体发黑。由于病蜂常常受到健康蜂的驱逐和拖咬，身体绒毛几乎脱落，翅常出现缺损，身体和翅颤抖，失去飞翔能力，很快就死亡。一群蜂内有时出现两种症状，但往往以一种症状为主，一般情况下，春季以"大肚型"为主，秋季以"黑蜂型"为主。

（2）**慢性麻痹病的简易诊断**　若发现蜂箱前和蜂群内有腹部膨大或身体瘦小、头部和腹部体色暗淡、身体颤抖的病蜂，即可初步诊断为慢性麻痹病。

（3）**慢性麻痹病的发病特点及规律**　该病在我国发病十分普遍。发病严重时每日每群死蜂数百至数千只，甚至整群死亡；发病轻微时，仅有少数病蜂出现，蜂群经转地至蜜源条件较好的场地后，该病往往可得到暂时控制，但遇到适宜的发病条件时，病情仍会复发。该病可通过取食受污染的饲料或与病蜂接触使健康群受到感染。其中Ⅰ型麻痹病多发于夏季高温季节，常表现为患病蜂体和双翅不正常的震颤，失去飞行能力，只能爬行，并伴有腹部肿胀、下痢和双翅无法闭合等明显的病症。发病后数日内死亡，严重时可使蜂群迅速衰亡。Ⅱ型麻痹病又被称为"黑盗蜂"、"黑小蜂"或"脱毛黑蜂症"等，多流行于春夏两季，患病蜜蜂初期具有飞行能力，绒毛容易脱落，体色变黑，个体比健康蜜蜂小，腹部油亮（图9-9、图9-10）。患病蜂常被同群健康蜜蜂攻击，数日后失去飞行能力，身体出现颤抖麻痹症状，随后死亡。

图9-9　蜜蜂慢性麻痹病（W. Virgina摄）

图9-10　蜜蜂慢性麻痹病（Ⅱ型病症）（引自张炫，2012）

该病在我国南方最早出现在 1 ~ 2 月，4 ~ 5 月是北京地区的发病高峰期，9 ~ 10 月为秋季发病高峰期；东北最早出现在 5 月，江浙地区 3 月开始出现病蜂，西北于 5 ~ 6 月开始出现病蜂。

（4）**慢性麻痹病的防治要点**　对蜜蜂慢性麻痹病，目前主要采取综合防治的措施。

①**早春及时补充营养饲料**　早春可对于患病蜂群饲喂奶粉、玉米粉、黄豆粉，并添加多种维生素，提高蜂群的抗病力。

②**更换蜂王**　选用由健康群培育的蜂王更换患病蜂群的蜂王，增强蜂群的繁殖力和抗病力。

③**对少数患病严重的蜂群，及时杀灭和淘汰病蜂，防止病情扩散**通常采用换箱方法，将蜜蜂抖落，健康蜂迅速进入新蜂箱，而病蜂由于行动缓慢，留在后面，可集中收集将其杀死，以减少传染源。

（5）**防治小经验**　升华硫对病蜂有驱杀作用，对患病蜂群每群每次用 10 克升华硫，撒在蜂路、框梁或箱底，可有效地控制麻痹病的发展。还可采用市售的"抗蜂病毒一号"进行治疗，对慢性麻痹病病毒具有显著抑制效果，对健康蜜蜂有明显保护作用。另外，还可以用以下中草药配方进行预防和治疗。

①在糖液中加入 3% 蒜汁，每晚每群喂 300 ~ 600 克，喂一周停 2 天再喂一周，直至病情得到控制。

②贯众 9 克，山楂 20 克，大黄 15 克，花粉 9 克，茯苓 6 克，黄芩 8 克，蒲公英 20 克，甘草 12 克，每剂药治 5 群蜂。上述药剂加水 4 千克，煎至 3 千克，将药液过滤后加白糖 1 千克，每晚用小壶顺蜂路浇药液，每群浇 125 克，连续 4 次可治愈。

3. 急性麻痹病

（1）**急性麻痹病的症状及简易诊断**　该病 1963 年被首次报道，典型症状是感病成年工蜂表现出麻痹症状，失去飞行能力，离巢后迅速死亡。死前发生足、翅震颤，腹部膨大。该病常见隐性感染，特别在 35℃ 条件下，被感染的蜜蜂几乎无任何症状。

（2）**急性麻痹病的发病特点及规律**　该病一般在春季引起蜜蜂死亡，越冬期蜂群中不易检出，到春季温度回升，病毒迅速增殖，引起中毒，夏季温度上升（35℃），病害自愈。自然界中该病可以通过以下几个途径传播。

①成年蜂的咽下腺分泌物。

②被污染的花粉，但①、②很难使蜜蜂获得致死的剂量。

③通过大蜂螨为媒介进行高效传播。

（3）急性麻痹病的防治要点　该病主要是通过大蜂螨的媒介作用传播，经口侵染引起蜂群发病的机率不高，所以防治要点应以治螨为主，特别是在春季蜂群繁殖期间应严格控制大蜂螨，防止其危害蜂群。

4. 蜜蜂死蛹病

蜜蜂蛹病又称"死蛹病"，是危害我国养蜂生产的一种新的传染病。患病群常出现见子不见蜂，造成蜂蜜和王浆产量明显降低，严重者全群死亡。

（1）蜜蜂死蛹病的症状　死亡的工蜂蛹和雄蜂蛹多呈干枯状，也有的呈湿润状，发病幼虫失去自然光泽和正常饱满度，体色呈灰白色，并逐渐变为浅褐色至深褐色。死亡的蜂蛹呈暗褐色或黑色，尸体无臭味，无黏性，多数巢房盖被工蜂咬破，露出死蛹，头部呈"白头蛹"状。

在患病蜂群中也有少数病蛹发育为成年蜂，但这些幼蜂由于体质衰弱，不能出房而死于巢房内。有的幼蜂虽然勉强出房，由于发育不健全，出房后不久即死亡。

（2）蜜蜂死蛹病的简易诊断　首先进行蜂箱外观察，患病蜂群工蜂疲软、出勤率降低，在箱前场地上可见到被工蜂拖出的死蜂蛹或发育不健全的幼蜂，可疑为患病群。为进一步确认该病，可进行蜂群内检查，抖落封盖巢脾上的蜜蜂，若发现封盖子脾不平整，有巢房盖开启的死蜂蛹或有"插花子脾"现象，即可初步诊断为患蜂蛹病。蜜蜂蛹病的病状常易与蜂螨、巢虫危害造成的死蛹以及囊状幼虫病、美洲幼虫腐臭病病状相混淆，可根据其特征加以区分。

（3）蜜蜂死蛹病的发病特点及规律　病死蜂蛹及被污染的巢脾是本病的主要传染源，隐性感染的蜂王也是该病的另一重要传染途径。一般云南、福建在12月发病，四川在2～4月，江西、浙江在3～4月，陕西在4～6月，甘肃6～8月。蜜蜂蛹病的发生与温度关系密切，发病的适宜温度为10～21℃，早春寒潮过后，易发生蛹病。在外界蜜粉源充足、蜂群内有充足的优质饲料贮备、蜂群群势较强的情况下，不易发生蛹病；意蜂发生较普遍，受害较重，中蜂则很少发生；一般说来，老王群易感染，年轻蜂王群发病较少。

（4）蜜蜂死蛹病的防治要点

①**加强消毒** 每年秋末冬初患病蜂场应对换下的蜂箱及蜂具用火焰喷灯灼烧消毒。用高效巢脾消毒剂浸泡巢脾消毒，100片药加水2000毫升，浸泡巢脾20分钟，用摇蜜机将药液摇出，换清水2次，每次10分钟，摇出清水后晾干备用。

②**加强饲养管理** 保持蜂脾相称或蜂多于脾，使蜂数密集利于蜂巢内保温，保持蜂群内蜜粉充足。同时注意勿将病脾调入健康群，避免人为传播。

③**选育抗病品种，及时更换蜂王** 选择对该病有抗性的无病蜂群作为育种素材，培育健康蜂王，以增强对蜂蛹病的抵抗力。

（5）**防治小经验** 采用中草药可进行该病的预防。具体配方如下：黄伯10克、黄芩10克、黄连10克、大黄10克、海南金不换10克、五加皮5克、麦芽15克、雪胆10克、党参5克、桂圆5克，每剂加水1.5千克煎熬，药液加入适量1∶1糖浆中，喂蜂300框，每天傍晚喂1次，连续3次为1个疗程。3天后，再喂1个疗程。

5．其他病毒病

（1）**以色列急性麻痹病** "以色列急性麻痹病毒"（简称IAPV）可能是造成全球数十亿只蜜蜂神秘死亡，养蜂业者重大损失的罪魁祸首。研究报告指出，美国50％～90％的养蜂场出现蜜蜂离奇失踪，即"蜂群衰竭失调"的现象（CCD现象），可能跟"以色列急性麻痹病毒"有关。

该病的典型症状为患病蜜蜂体色变暗，绒毛脱落，伴随翅震颤，逐渐麻痹死亡，病症与蜜蜂急性麻痹病相似。

研究人员发现感染此病毒的蜂群中，约96％会出现蜂群衰竭失调现象。但以色列急性麻痹病毒也会出现在部分健康蜂群中，让科学家相信病毒不会单独产生作用，但跟其他令蜜蜂变得虚弱的因素配合后，便可致命。我国目前还无该病发生的报道。

（2）**蜜蜂卷翅病** 该病毒于1991从日本发病蜜蜂上被分离鉴定，典型症状为成蜂的翅卷曲变皱，身体萎缩，体色变暗，失去飞行能力，只能爬行，羽化后1～2日内死亡。该病毒可感染各个发育阶段的蜜蜂个体，在蛹期前不表现明显症状，而在羽化时出现翅残缺，失去飞行能力（图9-11）。蜜蜂卷翅病的发生与大蜂螨寄生密切相关，小蜂螨的寄生也会诱发卷翅病。

图9-11　蜜蜂卷翅病

（3）烟草环斑病毒　烟草环斑病毒（TRSV）是一种花粉病原体（图9-12），据统计大约有5%的已知植物病毒可通过花粉传播。蜜蜂在访花过程中可能通过采集携带TRSV的花粉，将此病毒从一种植物扩散到另一种植物，这就可能造成其他采集蜂也感染此病毒。该病毒由中国农业科学院蜜蜂研究所和美国农业部蜜蜂研究室组成的联合科研团队于2014年首次发现。研究发现TRSV是一种RNA病毒，由于缺乏在复制基因组中编辑删除错误的3'-5'校对功能，因此，像TRSV一类的病毒生成了大量具有不同感染特性的变异副本。这种高变异成为病毒遗传多样性的来源，再加上庞大的群体规模，促进RNA病毒对新的选择性条件（如新的宿主）的适应性，因此，RNA病毒病很可能是一种将再度出现的传染病之一，这也是禽流感和猪流感病毒感染的反复出现和艾滋病毒的持久性的主要原因之一。研究结果证实了蜜蜂接触到被病毒污染的花粉也能感染病毒，除眼睛外的每个身体组织都检测到TRSV病毒，说明该病毒能侵染蜜蜂的大部分组织。研究还发现蜂群中寄生的大蜂螨可促进TRSV病毒在蜂箱内水平传播，而其自身并不感病，蜂螨是否仅作为载体的作用传播病毒还有待于进一步研究。研究发现感染该病毒的蜂王产下的卵同样也感染此病毒，从而证实了TRSV也可以通过垂直传播的方式将

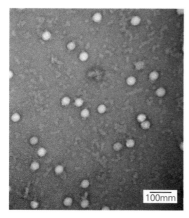

图9-12　从感染TRSV的蜜蜂体内分离到的病毒的电镜照片

100mm

病毒从母代传给子代。另外，感染严重的弱势蜂群在秋末就可能衰败，到第二年2月蜂群就衰亡。结果得出TRSV病毒感染率的增加和其他蜜蜂病毒的共同感染与蜜蜂种群数量下降具有一定的相关性。

第三节　常见蜜蜂细菌性疾病及防治

1. 美洲幼虫腐臭病

美洲幼虫腐臭病（简称"美幼病"）是蜜蜂的一种严重细菌性传染病，主要危害工蜂幼虫，造成幼虫在化蛹期大量死亡，蜂群迅速衰弱甚至全群死亡，雄蜂和蜂王幼虫也可受到感染。

（1）**美洲幼虫腐臭病的症状**　蜜蜂幼虫感病后，大部分在封盖后的末龄幼虫和预蛹期死亡，也有的在蛹期死亡。死虫黏附在巢房下壁，喙向上伸出，首先化脓腐烂，呈棕色胶状，具有强烈的酸败味和刺激性苯乙醇味，最后尸体干枯，干枯鳞片黏附在房壁，不易移出，蜜蜂常将病虫的房盖咬出小孔。

（2）**美洲幼虫腐臭病的简易诊断**　从患病蜂群提出封盖子脾检查，如发现上述症状，即可初步断定为美洲幼虫腐臭病。还可进一步通过拉丝法鉴定：将一根小棒或牙签插进腐烂幼虫的体内，然后轻轻地、慢慢地抽出，若感染美幼病，死亡的幼虫会粘在棒的顶端，在似弹性断裂之前，可拉长达2.5厘米，这一黏性性状为美洲幼虫病的典型症状（图9-13）。

图9-13　美幼病的拉丝现象（M. V. Smith摄）

（3）**美洲幼虫腐臭病的发病特点及规律**　美幼病的流行是由幼虫芽孢杆菌的芽孢引起，不同虫龄的蜜蜂幼虫对幼虫芽孢杆菌的敏感性差异非常大，1日龄幼虫对幼虫芽孢杆菌高度敏感。幼虫芽孢杆菌在蜜蜂群内可以通过错投和盗蜂传播，也可以通过分蜂在群间传播。幼虫芽孢杆菌的这种传播方式使得它成为蜜蜂一种传染性极强的疾病，只要在适宜的环境下就能萌发，所以美幼病的发病没有季节性，病害在一年中任何一个有幼虫的季节都有可能发生，但是一般在夏、秋季节发生得相对较多。

气候和蜜源对发病有一定的影响，病群在大流蜜期到来时病情会减轻甚至"自愈"，很可能是因为被采进的花蜜稀释、降低了幼虫从食物中接触芽孢的机会；也可能是花蜜刺激了内勤蜂的清洁行为，内勤蜂发现和消除病虫的能力增强；同时，刚采回的花粉作为幼虫的食物，在一定程度上也减少了幼虫被芽孢侵染的机会。

（4）美洲幼虫腐臭病的防治要点

①掌握疾病的诊断方法，特别是蜂场的快速诊断方法，以便提早发现，及时处理。

②每年春、秋两季对蜂箱、继箱、巢脾、蜂具进行仔细清理、消毒，普遍进行蜂群检疫。

③发现蜜蜂病害时，立刻处理，并用喷灯烧烤蜂箱内壁，病情较轻的蜂群，采取换箱换脾，彻底消毒蜂箱蜂具，结合饲喂药物有可能治愈；同时通报附近的蜂场采取预防措施，有经验的专业养蜂户要帮助新养蜂者防治该病，以免该病的传播造成普遍感染。

④饲养强群，选育抗病品种（品系），增强蜜蜂自身的抗病能力。

⑤尽量少用或不用抗生素，在必需采用药物控制的情况下，严格按照规定的用量进行饲喂，严禁使用已经禁用的抗生素。在采蜜期前一个月内，禁止使用抗生素。而且前期用过药的蜂群，前几次所摇蜂蜜要单独存放，以防污染商品蜂蜜。

（5）防治小经验　下面介绍一种消毒法治疗美洲幼虫腐臭病的实例。

首先关王断子，然后进行巢脾、蜂箱消毒。先将病群巢脾撤出一半，摇净蜂蜜，割开有病封盖子，用清水冲出烂子，若巢脾充足，可将病脾熔蜡，烧毁巢框；用4%的福尔马林消毒液灌脾浸泡4小时；摇出消毒液，用清水冲洗几遍后在纯净水中浸泡48小时，摇出清水，将巢脾晾干；感病蜂群蜂箱用稻草火焰灭菌处理。

2．欧洲幼虫腐臭病

欧洲幼虫腐臭病（简称"欧幼病"）是一种蜜蜂幼虫病害，目前该病发生于几乎所有养蜂国家。我国于20世纪50年代初在广东首次发现，

60年代初南方很多省相继出现，随后蔓延全国。该病不仅危害西方蜜蜂，对东方蜜蜂尤其是中蜂的危害比西方蜜蜂严重得多。

（1）**欧洲幼虫腐臭病的症状**　本病潜伏期一般为2~3天，以3~4日龄未封盖幼虫死亡为特征。患病后，虫体变色，从珍珠般白色变为淡黄色、黄色、浅褐色，直至黑褐色（图9-14），失去肥胖状况。变褐色后，幼虫气管系统清晰可见，并可见白色、呈窄条状背线。尸体软化（图9-15）、干缩于巢房底部，无黏性但有酸臭味，易被工蜂清除而留下空房，与子房相间形成"插花子脾"。由于幼虫大量死亡，蜂群中长期只见卵、虫，不见封盖子。

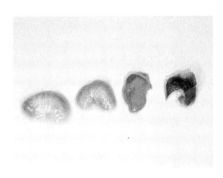

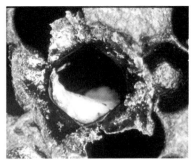

图9-14　欧幼病感病幼虫体色变化（Kaspar Ruoff摄）

图9-15　欧幼病感病幼虫的贴壁症状（M. V. Smith摄）

（2）**欧洲幼虫腐臭病的简易诊断**　发现可疑为欧洲蜜蜂幼虫腐臭病蜂群，抽取2~4天的幼虫脾1~2张，仔细检查子脾上幼虫的分布情况。若发现虫、卵交错，幼虫位置混乱，颜色呈黄白色或暗褐色，无黏性，易取出，背线明显，有酸臭味，结合流行病学可初步诊断为欧洲蜜蜂幼虫腐臭病，可进一步做实验室诊断确诊。

（3）**欧洲幼虫腐臭病的发病特点及规律**　被污染的蜂蜜、花粉、巢脾是主要传染源。病原菌能在尸体及蜜粉脾、空脾中存活多年。蜂群内一般通过内勤蜂饲喂和清扫活动进行传播，饲喂工蜂是主要传播者。蜂群间主要通过盗蜂和迷巢蜂进行传播。

若不遵守卫生操作规程，任意调换蜜箱、蜜粉脾、子脾以及出售蜂群、蜂蜜、花粉等商业活动，都可导致疫病在蜂群间及地区间传播。蜜蜂幼虫，各龄及各个品种未封盖的蜂王、工蜂、雄蜂幼虫均可感染，尤以1～2日龄幼虫最易感，成蜂不感染；东方蜜蜂比西方蜜蜂易感，在我国以中蜂发病较严重。

本病多发生于春季，夏季少发或平息，秋季可复发，但病情较轻。其次，该病易感染群势较弱的蜂群，强群很少发病，即使发病也常常可以自愈。

（4）欧洲幼虫腐臭病的防治要点　加强饲养管理，紧缩巢脾，注意保温，培养强群。严重的患病群，最好、最经济的方法就是进行集中烧毁。感病较轻的蜂群，要进行换箱、换脾，并用下列任何一种药物进行消毒。

①用50毫升/米^{3}福尔马林煮沸熏蒸一昼夜。

②0.5%次氯酸钠或二氧异氰尿酸钠喷雾。

③0.5%过氧乙酸液喷雾。

若蜂群感病严重，则需采取药物治疗，具体方法如下：抗生素糖浆配制常用土霉素（10万单位/10框蜂）或四环素（10万单位/10框蜂），配于饱和糖浆内喂病群，但易造成蜂蜜污染。建议配制含药花粉饼或抗生素饴糖饲喂。

含药花粉的配制：上述药剂及药量，将药物粉碎，拌入适量花粉（10框蜂取食2～3天量），用饱和糖浆或蜂蜜揉至面粉团状，不粘手即可，置于巢框上框梁上，供工蜂搬运饲喂。

抗生素饴糖配制：224克热蜜加544克糖粉，稍凉后加入7.8克的红霉素粉，搓至硬，可喂50～60群中等群势的蜂群。重病群可连续喂3～5次，轻病群5～7天喂1次，喂至不见病虫即可停药。

采用药物治疗后，第一次所摇蜂蜜要单独存放，以防止抗生素残留污染蜂蜜。

（5）防治小经验　很多蜂农采用纯中草药的方法替代抗生素进行欧幼病的防治，现介绍如下：采用清胃黄连丸进行治疗，该药是由14味中草药制成的中成药，有很强的杀菌及灭病毒的作用，还能提高蜂群的免疫功能。一般用该药丸9克，完全溶于清水中，加入1千克糖浆饲喂蜂群，每框蜂每次喂50～100克，隔一天喂一次，连续饲喂4～5次即愈，用于喷雾治疗每千克糖浆加药丸12克。

3. 蜜蜂败血病

蜜蜂败血病属于成蜂病，目前广泛发生于世界各养蜂国家，在我国北方沼泽地带时有此病发生，常发生于西方蜜蜂上。

（1）蜜蜂败血病的症状及简易诊断　病蜂初期运动迟缓，随后身体僵硬，蜂群表现为烦躁不安、不取食，也无法飞翔，后迅速死亡，死后由于活动关节间肌肉分解，头部、胸部、腹部分离脱落，甚至翅、足、触角、口器也分离脱落。血淋巴变成乳白色，浓稠。可根据上述症状进行简易诊断。

（2）蜜蜂败血病的发病特点及规律　该病细菌的侵染途径是通过气门进入，高温有助于败血病的传播，故病害主要发生在春季及初夏多雨季节，传染源主要是污水坑、沼泽地。

（3）蜜蜂败血病的防治要点

①蜂场应选在干燥之处，垫高蜂群，注意通风。

②注意蜂群内降湿，经常在蜂场设置清洁水源供蜜蜂采集。

4. 蜜蜂副伤寒病

（1）副伤寒病的症状及简易诊断　蜜蜂副伤寒病是由蜂房哈夫尼菌引起的传染病，是一种蜜蜂成蜂病。患病蜜蜂主要表现为腹部膨大，行动迟缓，不能飞翔，有时不定期出现下痢等副伤寒典型症状。发病严重时，巢门口和箱底到处都是死蜂，病蜂的粪便堆积在箱底，发出极其难闻的味道。解剖病蜂，其中肠灰白色，中、后肠膨大，后肠积满棕黄色粪便。可根据上述症状进行简易诊断。

（2）副伤寒病的发病特点及规律　该病多发生在冬、春两季，绝大部分出现在西方蜜蜂上，很多国家都出现过，我国也多有发生。这种细菌对外界不良环境抵抗力较弱，污水是该病的传染源，病原菌可在污水坑中生活，春季蜜蜂采水时将病菌带入蜂群。

（3）副伤寒病的防治要点　对此病一般要以预防为主，在越冬时要留足饲料，并在蜂场设置清洁的水源，晴暖时还应促使蜂群排泄飞行。

（4）防治小经验　可采用以下两种中草药配方进行防治：

①半枝莲、鸭环草、地锦草各25克，银花15克，板草根50克，一枝黄花75克。

②穿心莲50克，如意花根25克，一枝黄花15克。

将上述两个配方中的任意一种用水煎后，兑入500克的1∶1糖浆中，饲喂10～20框蜂可用于治疗，兑入1000克的1∶1糖浆中，饲喂20～40框蜂可用于防治。

第四节　常见蜜蜂真菌性疾病及防治

1. 白垩病

　　白垩病是蜜蜂幼虫的一种真菌性传染病，多发生于春季或初夏，特别是在阴雨潮湿的条件下容易发生，主要分布于北美洲、亚洲及新西兰。我国于1990年爆发，1991年首次报道，已列为蜜蜂进口的检疫对象，目前在全国范围内流行，仅发生在西方蜜蜂上，危害较为严重。

　　在干燥状态下，病菌存活时间很长。蜜蜂白垩病主要是通过孢囊孢子和子囊孢子传播。白垩病通过幼虫、死亡幼虫尸体，以及被污染的饲料、蜂具等传染，一旦感染，患病幼虫无一存活。

　　（1）白垩病的症状和简易诊断　蜜蜂白垩病主要侵害蜜蜂幼虫，而雄蜂幼虫最易感染，其原因是雄蜂幼虫多在巢脾边缘。幼虫发病后深黄色或白色，继后发生石灰化，逐渐变为灰白色至黑色，死亡幼虫尸体干枯后变成一块质地疏松的垩状物，体表覆盖一层白菌丝，工蜂可将这种干碎尸片拖出巢房，一般在箱底和巢门外的地面可看见石灰块状尸体（图9-16）。严重感病的蜂群失去产浆和产蜜能力，甚至造成全场灭亡。可根据典型症状进行简易诊断（图9-17）。

图9-16　感染白垩病的症状

图9-17　巢房中白垩病感病症状（M. V. Smith摄）

（2）白垩病的发病特点及规律　病死幼虫和被污染的饲料、巢脾等是本病的主要传染源。蜜蜂幼虫食入污染的饲料，孢子在肠内萌发，长出菌丝并可穿透肠壁。大量菌丝使幼虫后肠破裂而死，并在死亡虫体表形成孢子囊。主要感染蜜蜂幼虫，尤以雄蜂幼虫最易感。成蜂不感染。蜂巢温度从35℃下降至30℃时，幼虫最易感染。因此在蜂群大量繁殖时，由于保温不良或哺育蜂不足，造成巢内幼虫受冷时最易发生。每年4～10月发生，4～6月为高峰期。潮湿、过度的分蜂、饲喂陈旧发霉的花粉、应用过多的抗生素以至于改变蜜蜂肠道内微生物菌群结构以及蜂群较弱等，都可诱发本病。

（3）白垩病的防治要点　蜜蜂白垩病是一种真菌侵害的顽固性传染病，传染力强，幼虫感染后100%死亡，且不易根治，因此，该病的防治要点为应常年采取综合措施进行防治。

①严格消毒，凡是白垩病污染过的蜂箱、巢脾都需用福尔马林或高锰酸钾严格熏蒸消毒杀菌。因受真菌污染的花粉和巢脾最容易传播白垩病或黄曲霉病，所以购买的花粉必须经过消毒处理才可以作蜜蜂饲料。

②采取综合饲养管理，提高蜂群的抗病力。增加蜂群群势，使蜂多于脾，以便控制真菌繁殖；实行定地饲养与小转地饲养相结合，适时奖励饲喂，饲料要严格保持清洁卫生，适当加入3%柠檬酸钠以助消化，蜂胶不宜取太多，保留部分蜂胶有利于蜂群抑制病菌繁殖；更换患病群的蜂王和患病蜂具；场地保持干燥、向阳、通风、不潮湿；彻底治理蜂螨；增强蜂群对疾病的抵抗力，培养抗病力强的蜂种，逐步形成规模防御病害的蜂群。

③对清理能力较强的蜂群或抗白垩病的蜂群，应留作育种素材，培育抗病蜂群，并取代易感病的蜂王；喂一些起抑制作用的毛霉目的霉菌来杀死白垩病菌。

（4）防治小经验　目前该病还不能彻底治愈，尽管有些药物对治疗白垩病有很好的效果，但地区不同，疗效也有非常大的差异，常采用以下经验方法来治疗或预防白垩病。

①将患病群换入消毒的蜂箱和巢脾，补充饲料，并在箱底撒一些干石灰，换下的蜂箱用热氢氧化钠溶液浸洗，换下的空巢脾用硫黄或二氧化硫密闭烟熏消毒4小时以上，硫黄用量按10框3～5克计算。

②将病重的子脾烧毁。

③饲喂0.5%麝香草酚糖浆，每群每次200～300毫升，隔3日1次，连续喂3～4次。麝香草酚不溶于水，先将麝香草酚5克溶于少量95%乙醇，然后兑入1千克糖浆。

2．黄曲霉病

黄曲霉病又称结石病，是危害蜜蜂的真菌性传染病。该病不仅可以引起蜜蜂幼虫死亡，而且能使成年蜂致病。分布较广泛，世界上养蜂国家几乎都有发生，温暖湿润的地区尤易发病，现仅发生于西方蜜蜂中。

（1）黄曲霉病的症状和诊断　患病幼虫可能是封盖的，也可能是未封盖的，患病初期呈苍白色，以后虫体逐渐变硬，表面长满黄绿色的孢子和白色菌丝，充满巢房的一半或整个巢房，轻轻振动，孢子便会四处飞散。大多数受感染的幼虫和蛹死于封盖之后，尸体呈木乃伊状坚硬。成蜂患病后，表现不安，身体虚弱无力，行动迟缓，瘫痪，腹部通常肿大，失去飞翔能力，常常爬出巢门而死亡。死蜂身体变硬，不腐烂，在潮湿条件下，可长出菌丝。

（2）黄曲霉病的发病特点及规律　黄曲霉病发生的基本条件是高温潮湿，所以该病多发生于夏季和秋季多雨季节。传播主要是通过落入蜂蜜或花粉中的黄曲霉菌孢子和菌丝，当蜜蜂吞食被污染的饲料时，分生孢子进入体内，在消化道中萌发，穿透肠壁，破坏组织，引起成年蜜蜂发病。当蜜蜂将带有孢子的饲料饲喂幼虫时，孢子和菌丝进入幼虫消化道萌发，引起幼虫发病。此外，当黄曲霉菌孢子直接落到蜜蜂幼虫体时，如遇适宜条件，即可萌发，长出菌丝，穿透幼虫体壁，致幼虫死亡。

（3）黄曲霉病的防治要点　蜂场应选择干燥向阳的地方，避免潮湿，应时常加强蜂群通风，扩大巢门，尤其雨后应尽快使蜂箱干燥。对患病蜂群的巢脾和蜂箱消毒，撤出蜂群内所有患病严重的巢脾和发霉的蜜粉脾，淘汰或用二氧化硫（或硫黄）密闭熏蒸。患病蜂群防治方法及用量均同白垩病。

第五节　常见蜜蜂寄生虫病及防治

1．蜜蜂孢子虫病

蜜蜂孢子虫病又称微孢子虫病（图9-18、图9-19），是成年蜂较为流行的消化道传染病。不仅西方蜜蜂感病而且中华蜜蜂也可感病，不仅工蜂感病，而且蜂王和雄蜂也感病。有研究表明，患微孢子虫病的蜜蜂比健康蜜蜂寿命缩短。由于患病蜜蜂体质衰弱，寿命缩短，采集力和腺体分泌能力明显降低，生产季节发病则严重影响蜂蜜、蜂王浆的产量及泌蜡造脾能力。微孢子虫病在春季发病则直接影响蜂群的繁殖和发展，秋季发病则影响蜂群的安全越冬，造成下一年蜂群的衰弱。冬季由于越冬饲料不良易诱发孢子虫滋生，患病蜜蜂产生下痢，严重者可以造成蜂群死亡。

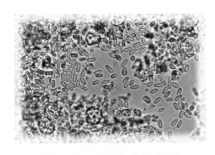
图9-18　蜜蜂孢子虫（一）

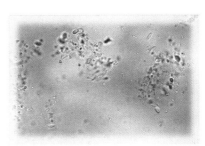
图9-19　蜜蜂孢子虫（二）

（1）**蜜蜂孢子虫病的症状**　患孢子虫病的蜜蜂腹部膨大，其症状容易与麻痹病、下痢病相混淆，国内养蜂人员常将孢子虫病统称为大肚子病。患孢子虫病的意大利蜜蜂腹部不膨大，而且多数病蜂表现出身体瘦小，患病蜜蜂发病初期外部病状不明显，随着病情的发展，逐渐表现出病状，行动迟缓，萎靡不振，后期则失去飞翔能力。病蜂常集中于巢脾下面边缘和蜂箱底部，也有的病蜂爬在巢脾框梁上，由于病蜂常受到健康蜂的驱逐，所以有些病蜂的翅膀出现缺刻，许多病蜂在蜂箱巢门前和蜂场场地上无力爬行。典型症状是病蜂腹部末端呈暗黑色，第一、二腹节背板呈棕黄色略透明。

图9-20　感染孢子虫的蜜蜂中肠

（2）**蜜蜂孢子虫病的简易诊断**　拉取可疑患病病蜂中肠，观察肠道颜色、形状和环纹，若中肠为灰白色、膨大，表面环纹模糊不清，即可初步诊断为患孢子虫病（图9-20）。

（3）蜜蜂孢子虫病的发病特点及规律　感染孢子虫病的蜜蜂体内含有大量孢子虫，试验调查结果表明感染孢子虫12天后其肠道内含有568万～3050万个孢子，大量孢子虫随粪便排出体外，污染蜂箱、巢脾、蜂蜜、花粉，尤其当病蜂伴有下痢症状时，污染更为严重，健康蜂进行清理活动或取食花粉、蜂蜜时，孢子便经蜜蜂口器进入消化道，并在肠道内发育繁殖。另外，饲料缺乏、盗蜂、迷巢蜂也容易造成孢子虫传播，饲喂含有孢子虫的蜂蜜、花粉，造成重复感染，养蜂人员的不卫生操作和水源污染都可造成孢子虫侵染。

孢子虫病的发生与温湿度关系较密切，因而有明显的季节变化。我国南方江、浙地区发病高峰期在春季的3～4月。夏季气温高，不适宜孢子虫的发育繁殖，孢子虫病发病率则急剧下降，患病轻微的蜂群，此时病情处于隐蔽阶段，病蜂也无症状表现。华北、东北、西北地区发病高峰期出现在4～6月。而广东、广西及云南、四川平原地区，发病高峰出现在2～3月。北京地区，晚秋季节气温低，孢子虫病发病率也降到最低点，冬季无此病发生。蜂群越冬饲料不良，尤其是含有甘露蜜的情况下，易引起蜜蜂消化不良，促使孢子虫病发生。在蜂群内任何年龄的蜜蜂都可感染，在自然界中，幼年蜂和老龄蜂很少感病，原因是最幼年的蜜蜂没有吞食孢子虫，老龄蜂可能是逃过了染病期，或是某一时期曾感染过轻微的疾病，而后痊愈了。不管多么严重感病的蜂群，幼虫和蛹都是安然无恙的。在自然情况下，雄蜂和蜂王偶然也可染病，在蜂群中，工蜂感病最多，通常发病率可达10%～20%，甚至更高。蜂群摆放的位置与病情也有关系，蜂群放置在阳光充足、地势高的地方比阴暗、地势低凹处发病减轻。蜂种之间也有差异，通常西方蜜蜂发病较普遍且较重，而中蜂很少发病。

（4）蜜蜂孢子虫病的防治要点

①更换病群蜂王　蜂群的越冬饲料要求不含甘露蜜，北方蜂群越冬室温保持在2～4℃，并有干燥和通风环境。早春及时更换病群的蜂王。

②消毒　对养蜂用具、蜂箱、巢脾等在春季蜂群陈列以后要进行彻底消毒，蜂箱、巢框可用2%～3%氢氧化钠清洗，或用喷灯进行火焰消毒。巢脾可采用4%福尔马林溶液或福尔马林蒸气、冰醋酸消毒。

③**药物治疗**　采用烟曲霉素治疗孢子虫病效果较好。

（5）**防治小经验**　根据孢子虫在酸性溶液里可受到抑制的特性，选择柠檬酸、米醋、山楂水分别配置成酸性糖浆，1千克糖浆内加柠檬酸1克，米醋50毫升，山楂水50毫升，早春结合对蜂群奖励饲喂任选一种喂蜂。

2.大蜂螨

大蜂螨的原始寄主是东方蜜蜂，在长期协同进化过程中，已与寄主形成了相互适应关系，在一般情况下其寄生率很低，危害也不明显。20世纪初，西方蜜蜂引入亚洲，大蜂螨逐渐转移到西方蜜蜂蜂群内，造成严重危害，才引起人们的高度重视。如今，除澳大利亚、夏威夷和非洲的部分地区没有发现大蜂螨外，全世界只要有蜜蜂生存的地方就有大蜂螨的危害（图9-21、图9-22）。大蜂螨的种类目前报道的有6种，分别是 *Varroa. jacobsoni*［图9-23（a）］，*V. jacobsoni*［图9-23（b）］，*V. destructor*［图9-23（c）］，*V. destructor*［图9-23（d）］，*V. rindereri*［图9-23（e）］，*V. underwoodi*［图9-23（f）］，蜂群中比较常见的是狄斯瓦螨（*V. destructor*），也是对全球养蜂业危害最大的一种蜂螨。

图9-21　大蜂螨成虫

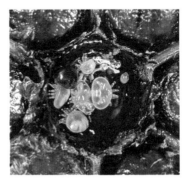

图9-22　蜂巢底部的大蜂螨家族

（雌螨以及不同发育阶段的大蜂螨，注：已经移除蜂蛹；Denis Anderson摄）

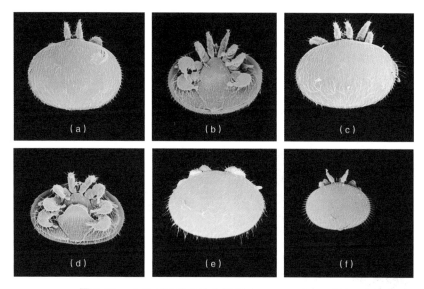

图9-23 六种不同种类的大蜂螨（Denis Anderson摄）

（1）大蜂螨的危害症状及简易诊断 大蜂螨对中蜂等东方蜜蜂危害不大，但对西方蜜蜂群危害极大。通常感染大蜂螨的最初两、三年对蜂群的生产能力无明显影响，亦无临床症状，但到第四年，蜂群中蜂螨的数量能超过3000只，最高纪录为1万只。一个巢房中可能同时寄生数只雌螨。大蜂螨不仅吮吸幼虫和蛹的血淋巴（图9-24、图9-25），造

图9-24 大蜂螨的蛹吸食蜜蜂蛹的血淋巴

成大量被害虫蛹不能正常发育而死亡，或幸而出房，也是翅足残缺，失去飞翔能力，危害严重的蜂群，群势迅速下降，子烂群亡；它们还寄生成年蜜蜂，使蜜蜂体质衰弱，烦躁不安，影响工蜂的哺育、采集行为和寿命，使蜂群生产力严重下降以致整群死亡。此外，大蜂螨还能够携带蜜蜂急性麻痹病毒、慢性麻痹病病毒、克什米尔病毒、败血症、白垩病菌等多种微生物，并从伤口进入蜂体，引起蜜蜂患病死亡。

可根据螨害的主要症状来进行诊断，主要表现为幼虫房内死虫死蛹，成蜂的工蜂和雄蜂畸形，四处乱爬，无法飞行。打开巢房可看见各虫态的大蜂螨，具体诊断方法可见小蜂螨部分。

另一种简易的检查办法是箱底检查，在箱底放一白色的黏性板（图9-26），涂上一层凡士林或其他黏性物质，或者用一带黏性的纸，几天后检查纸板，观察有无大蜂螨。

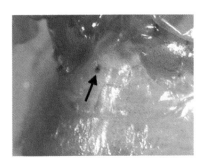

图9-25　大蜂螨吸食造成蜜蜂蛹部分部位产生黑化现象

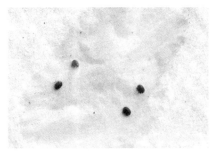

图9-26　用白色的黏性板吸附大蜂螨（V. Dietemann摄）

（2）大蜂螨的发病特点及传播规律　大蜂螨的生活史可分为体外寄生期和蜂房内的繁殖期。蜂螨完成一个世代必须借助于蜜蜂的封盖幼虫和蛹来完成。对于长年转地饲养和终年无断子期的蜂群，蜂螨整年均可危害蜜蜂。北方地区的蜂群，冬季有长达几个月的自然断子期，蜂螨就寄生在工蜂和雄蜂的胸部背板绒毛间，翅基下和腹部节间膜处，与蜂群的冬团一起越冬。越冬雌成螨在第二年春季外界温度开始上升，蜂王开始产卵育子时从越冬蜂体上迁出，进入幼虫房，开始越冬代螨的危害。以后随着蜂群发展、子脾的增多，螨的寄生率迅速上升。

通常，季节的变化影响蜂群群势的消长。春季和秋季蜂群群势小，螨的感染率显著增加，夏季群势增大，螨的寄生率呈下降趋势。

大蜂螨传播方式主要有远距离跨国蜂群间传染和短距离蜂群间传染。目前大蜂螨多数是从有螨害地区进口蜂群再通过蜂群转地接触发生的，不同地区的螨类传播可能是蜂群频繁转地造成的。蜂场内的蜂群间传染，主要通过蜜蜂的相互接触。盗蜂和迷巢蜂是传染的主要因素。

（3）不同季节大蜂螨的防治要点　养蜂实践中，应根据蜂螨的生活、繁殖、危害规律等生物学习性，早预防、早发现、早治疗、采取季节性防治措施，在不同的季节使用不同的药物和方法。

①早春治螨　这次治螨可灵活掌握，主要看蜂群有没有越冬余螨。试治几群，一旦发现有余螨，为防后患，一定要彻底根治。这时治螨要用水剂喷治，时间最好放在蜂王产卵或刚产卵才进入春繁期，一般选择无风晴天午后蜜蜂归巢前，喷药后蜜蜂能再飞一次为好，以防药味不能挥发致使蜜蜂外爬冻死。不宜用螨片，使用螨片会使蜂群飞逃。

②夏季治螨　这次治螨时间可放在7月上旬荆条花期前，选用药物螨片、水剂均可，一定要用正规厂家出的产品。螨片，一般10框以上群势挂2片，分别挂在两边脾里边蜂路处；小群挂一片或一片分成两段分别挂在两边脾里边蜂路两头处。水剂每周喷治一次，连续喷治3周。喷治时要顺脾喷药，不要把药液喷入虫卵房内，以免幼虫受害，药液要喷匀，防止部分蜂螨漏掉继续繁殖，危害蜂群。

③秋季治螨（8月中、下旬）　秋季是螨害多发期，又是小蜂螨盛繁期，如果前2次治螨效果好，螨害不太严重，可采取一般的防治。要是螨害严重，特别是小蜂螨盛行，必须采取有效措施进行杀治，主要是用升华硫粉剂和硫黄熏脾。具体办法：用升华硫装在稀布袋内来擦脱掉蜂的子脾或顺蜂路撒治（注意控制用量）。另外的办法就是脱蜂后用硫黄点燃熏脾，空脾、虫卵脾、老子脾分批进行。熏空脾时间可长些，子脾熏5~6分钟，熏后稍晾片刻再返还蜂群。也可把老子脾集中在一些小群里借换王的机会再次熏脾治螨，这次治螨也是为培养健康越冬蜂作准备。

④秋末断子治螨　秋末培养越冬蜂扣王断子，待老子出完后分别用3种不同的水剂螨药，隔天连喷3次，直至不见落螨为止。

总之，每年只要抓住这几个关键时刻治螨，基本上不会出现严重螨害。

（4）大蜂螨的防治方法

①热处理法防治　大蜂螨发育的最适温度为32~35℃，42℃出现昏迷，43~45℃出现死亡。因此利用这一特点，把蜜蜂抖落在金属制的网笼中，以特殊方法加热并不断转动网笼在41℃下维持5分钟，可获得良好的杀螨效果。这种物理方法杀螨可避免蜂产品污染，但由于加热温度要求严格，一般在实际生产中应用不便。

②粉末法　各种无毒的细粉末，如白糖粉、人工采集的松花粉、淀粉和面粉等，都可以均匀地喷洒在蜜蜂体上，使蜂螨足上的吸盘失去作用而从蜂体上脱落。为了不使落到蜂箱底部的活螨再爬到蜂体上，并从

箱底部堆积的落螨数来推断寄生状况，应当使用纱网落螨框。使用时，落螨框下应放一张白纸，并在纸上涂抹油脂或粘胶，以便黏附落下的瓦螨。粉末对蜜蜂没有危害，但是只能使部分瓦螨落下，所以只能作为辅助手段使用。

③**化学法**　用各种药剂来防治蜂螨是最普遍采用的方法。已有的治螨的药物很多，而且新的药物不断地被筛选出来，养蜂者可根据具体情况使用。选择药物时要考虑到对人畜和蜜蜂的安全性和对蜂产品质量的影响，应杜绝滥用如敌百虫、杀虫脒等农药治螨的作法。另外，应交替使用不同的药物，以免因长期使用某一种药物而产生抗药性。

常用的治螨药物有有机酸甲酸（图9-27，泰国研发的甲酸治螨产品）、乳酸、草酸等有机酸，其中以甲酸的杀伤力最强。在欧洲有商品化的甲酸板出售，美国则制成了甲酸粘胶。另外的杀螨药物就是杀螨一号，由中国农业科学院蜜蜂研究所研制生产，是一种非脒类杀螨剂，对大蜂螨毒性强。此外，高效杀螨片（螨扑）及一些杀螨粉剂（图9-28）也是目前使用最广泛的药物之一，特点是方便操作，其有效成分为氟胺氰菊酯，对蜜蜂安全，但长期使用蜂螨会产生抗药性。还有一些药物如萘、升华硫合剂，萘、聚甲醛合剂等也在生产上有一定的推广。

图9-27　泰国的甲酸治螨产品

图9-28　杀螨粉剂

（5）**防治小经验**　在养蜂生产中，可以用适当的饲养管理措施来减少寄生瓦螨的数量，维护正常的养蜂生产。主要经验如下。

①**利用雄蜂脾诱杀**　雄蜂蛹可为瓦螨提供更多的养料，一个雄蜂房内常有数只瓦螨寄生、繁殖。所以可利用瓦螨偏爱雄蜂虫蛹的特点，用

雄蜂幼虫脾诱杀瓦螨，控制瓦螨的数量。春季蜂群发展到十框蜂以上时，在蜂群中加入安装上雄蜂巢础或窄形巢础的巢框，让蜂群建造整框的雄蜂房巢脾，蜂王在其中产卵后20日，取出雄蜂脾，脱落蜜蜂，打开封盖，将雄蜂蛹及瓦螨振出。空的雄蜂脾用硫黄熏蒸后可以加入蜂群继续用来诱杀瓦螨。可为每个蜂群准备两个雄蜂脾，轮换使用。每隔16～20日割除一次雄蜂蛹和瓦螨。

②采用人工分群　春季，当蜂群发展到12～15框蜂时，采用抖落分蜂法从蜂群中分出五框蜜蜂。每隔10～15天可从原群中分出一群五框分群，在大流蜜期前的一个月停止分群。早期的分群可诱入成熟王台，以后最好诱入人工培育的新产卵的蜂王，给分群补加蜜脾或饲喂糖浆。新的分群中只有蜜蜂而没有蜂子，蜂体上的瓦螨可用杀螨药物除杀。

3．小蜂螨

小蜂螨（图9-29）是亚洲地区蜜蜂科的外寄生虫。它的原始寄主是大蜜蜂，但小蜂螨能够转移寄主，感染蜜蜂科的西方蜜蜂、大蜜蜂、黑大蜜蜂和小蜜蜂。有报道东方蜜蜂（如中蜂）中已发现小蜂螨，但还未见其在东方蜜蜂幼虫上繁殖的报道。

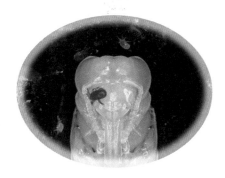

图9-29　小蜂螨

小蜂螨的个体发育分四个阶段，即卵、幼虫、若螨和成螨。成年小蜂螨行动敏捷，常在巢脾上迅速爬行。小蜂螨大部分时间都在封盖巢房内度过，靠吸食蜜蜂幼虫或蛹的血淋巴生存。当幼虫巢房封盖大约2/3后，雌螨伺机侵入巢房，待巢房封盖50小时后，雌螨产下第一粒卵，幼虫封盖50～110小时是雌螨产卵的高峰期。雌螨每天产一粒卵，在幼虫封盖期，能产6粒卵，通常一粒雄卵和几粒雌卵，但是只有前3～4粒卵能最终发育成成熟的子代螨。小蜂螨卵期为12小时，从卵到成螨的发育只需6天。待蜜蜂出房时，子代成螨及其母亲螨随寄主一同出房寻找新的寄主，而剩余的一些未发育成熟的若螨和雄螨则在巢房中死亡或被蜜蜂清理掉。巢房内被寄生的幼虫或蛹死亡后，母亲螨及其

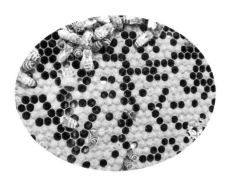

图9-30　小螨危害造成的花子及幼虫死亡

图9-31　蜂螨危害造成的残翅爬蜂

子代成螨便在封盖房上咬开一洞爬出来，重新潜入一个幼虫房产卵繁殖。由于小蜂螨的口器无法刺穿成蜂的几丁质，因而无法吸食成蜂的血淋巴，所以在成蜂体上只能短暂停留1～2天，就重新进入蜜蜂幼虫房繁殖为害。

（1）小蜂螨的症状和危害如果小蜂螨不加控制，蜂群很快就死亡。在感染西方蜜蜂时，小蜂螨以吸食封盖幼虫、蛹的血淋巴为生，常导致大量幼虫变形或死亡（图9-30，图中白色幼虫为小螨危害后的死亡幼虫，封盖蛹上的小洞为小螨咬开），勉强羽化的成蜂通常表现出体型和生理上的损害，包括寿命缩短、体重减轻，以及体型畸形，如腹部扭曲变形，残翅、畸形足或没有足。当蜂群快崩溃的时候，在巢门口经常会看到受严重感染的幼虫、蛹和大量爬蜂（图9-31）。严重感染的蜂群，由于大量幼虫和蛹的死亡还常发出腐臭味，在这种情况下，蜂群往往选择举群迁逃，这又反过来加速了小蜂螨的传播。研究表明，无王群比有王群感染更严重。

（2）小蜂螨的简易诊断　开箱后检查封盖子脾，观察封盖是否整齐，房盖是否出现穿孔，幼虫是否死亡或畸形，工蜂有无残翅以及巢门口的爬蜂情况。最典型的症状是，当用力敲打巢脾框梁时，巢脾上会出现赤褐色、长椭圆状并且沿着巢脾面爬得很快的螨，这些都是小蜂螨感染的特征。小蜂螨体型长大于宽，行动敏捷，在巢脾上快速爬行，容易被看到，因此诊断比大蜂螨容易。

另一种简易的检查办法是箱底检查，在箱底放一白色的黏性板（图9-26），可以用广告牌、厚纸板或其他白色硬板来制作，外面可以涂上一层凡士林或其他黏性物质，或者用一带黏性的纸，几天后检查纸板，观察有无小蜂螨。

（3）小蜂螨的发生规律和传播途径 有研究表明，我国小蜂螨在一年中的消长与蜂群所处的位置、繁殖状况以及群势有关。在北京地区，每年6月以前，蜂群中很少见到小蜂螨，但到7月以后，小蜂螨的寄生率急剧上升，到9月即达到最高峰，11月上旬以后，外界气温下降到10℃以下，蜂群内又基本看不到小蜂螨。在我国南方地区，对于连续有幼虫的蜂群，小蜂螨可以终年繁殖。即使在冬季蜂子较少的时候，也可以在有限的幼虫房里持续繁殖；繁殖期早和产卵持续时间长的蜂群受小蜂螨感染的概率高。外界蜜粉源植物的花粉和分泌的花蜜的质量和数量直接影响了幼虫数量的增减，而幼虫数量的变动则直接影响了小蜂螨种群的波动，这也是为什么蜂农需要定期对蜂群进行治疗的原因。小蜂螨在西方蜜蜂巢房内的生活史详见图9-32。

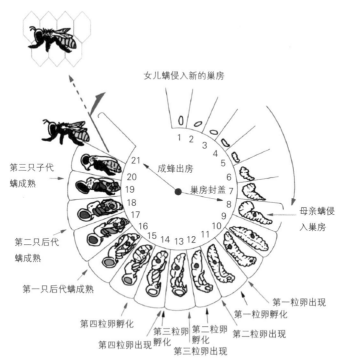

图9-32 小蜂螨在西方蜜蜂巢房内的生活史（Anderson和Morgan，2007）

小蜂螨靠成年雌螨扩散和传播，通常一部分雌螨留在原群，在巢脾上快速爬行以寻找适宜的寄主，其他携播螨藏匿在成蜂胸部和腹部之间。小蜂螨蜂群间的自然扩散依靠成年工蜂的错投、盗蜂和分蜂等，这是一种长距离的缓慢传播。但是小蜂螨的传播主要归因于养蜂过程中的日常管理，蜂农的活动为小蜂螨的传播提供了方便，如受感染蜂群和健康蜂群的巢脾、蜂具等混用，使得小蜂螨在同一蜂场的不同蜂群和不同蜂场间传播。其中转地商业养蜂中，感染蜂群经常被转运到新地点，这是一种最主要、最快的传播方式。

（4）防治要点及方法

①生物法防治

a. 断子法　根据小蜂螨在成蜂体上仅能存活2～3天，不能吸食成蜂血淋巴这一生物学特性，可采用人为幽闭蜂王或诱入王台、分蜂等断子的方法治螨。断子法是一种最常用、简单且对蜂产品没有污染的防治方法，但是限制蜂王产卵会导致后期蜂群群势下降，对于蜂群的生产能力有较大的影响，所以这种方法多在越冬或越夏时采用。

b. 雄蜂脾诱杀　利用小螨偏爱雄蜂虫蛹的特点，用雄蜂幼虫脾诱杀小蜂螨，控制小蜂螨的数量。在春季蜂群发展到十框蜂以上时，在蜂群中加入雄蜂巢础，迫使建造雄蜂巢脾，待蜂王在其中产卵后第20个工作日，取出雄蜂脾，脱落蜜蜂，打开封盖，将雄蜂蛹及小蜂螨振出销毁。空的雄蜂脾用硫黄熏蒸后可以加入蜂群继续用来诱杀小蜂螨。通常每个蜂群准备两个雄蜂脾，轮换使用。每隔16～20日割除一次雄蜂蛹，以此来达到控制小蜂螨的目的。

②化学法防治　化学防治上常用硫黄燃烧时产生的二氧化硫来熏巢脾，但要掌握好熏蒸时间以防止中毒，卵虫及蜜粉脾的熏治时间不超过1分钟，封盖子脾的熏治不超过5分钟。

a. 硫黄熏蒸　利用硫黄燃烧时产生的二氧化硫熏烟治小螨。方法是抖落蜜蜂和按卵虫脾和蜜粉脾、封盖子脾分成两类，在气温32～35℃的条件下，每标准箱加两继箱，继箱内放满巢脾，巢箱空出，每箱体用药5克，置于点燃的喷烟气中，迅速对准巢门喷烟，密闭巢门。卵虫及蜜粉脾熏治时间不超过1分钟，可彻底杀灭卵虫脾和蜜粉脾上的小蜂螨。封盖子脾熏治不超过5分钟，可杀灭封盖子脾蛹房内的小蜂螨。使用硫黄燃烧熏螨时，要注意严格掌握好熏烟时间，防止中毒。

b.　**升华硫**　升华硫防治小蜂螨效果较好，可将药粉均匀地撒在蜂路和框梁上，也可直接涂抹于封盖子脾上，注意不要撒入幼虫房内，造成幼虫中毒。为有效掌握用药量，可在升华硫药粉中掺入适量的细玉米面做填充剂，充分调匀，将药粉装入一大小适中的瓶内，瓶口用双层纱布包起。轻轻抖动瓶口，撒匀即可。涂布封盖子脾，可用双层纱布将药粉包起，直接涂布封盖子脾。一般每群（10足框）用原药粉3克，每隔5~7天用药1次，连续3~4天为一个疗程。用药时，注意用药要均匀，用药量不能太大，以防引起蜜蜂中毒。

c.　**氟胺氰聚酯**　很多用来防治大蜂螨的药剂也可以有效防治小蜂螨。高温季节蜂群通常会受到大蜂螨和小蜂螨共同危害，蜂农常用缓释型氟胺氰聚酯来控制大、小蜂螨感染。将塑料片在氟胺氰聚酯中浸透，制成螨扑，再将其挂在蜂箱里一周，为提高防治效果，最好采用螨扑结合升华硫防治。

d.　**甲酸**　Garg等用85%的甲酸来防治小蜂螨。制作一根固定长度的棉布条，用5ml的甲酸浸湿，放入蜂群14天。或者用一碟子盛20毫升65%的甲酸（图9-27），放入箱顶使其挥发，但要注意甲酸有腐蚀性，小心灼烧手和脸部皮肤。

e.　**烟草烟雾**　也可以使处于携播期的小蜂螨死亡。

f.　**硝酸钾混合液**　在有些国家和地区，蜂农将滤纸放入硝酸钾（浓度15%）和阿米曲士（浓度12.5%）的混合溶液中浸透（注意：阿米曲士只需滴几滴即可），取出晾干，晾干后点燃滤纸放入蜂箱底部，据报道，这种烟雾会导致大量小蜂螨死亡。

图9-33　防治小螨的中草药产品

此外，市场上还有采用中草药制剂来防治小螨的药物销售（图9-33），也能起到较好的防治效果。采用以上化学法进行蜂螨防治时，一定要按照说明书的使用剂量进行，以免对蜂群产生危害以及造成药物在蜂产品中的残留。

第六节　蜜蜂常见敌害及防治

蜂巢是蜜蜂生活的中心，蜂巢中的蜜蜂幼虫、蛹、成年蜂及储藏的食物（蜂蜜和花粉）都含有丰富的营养，吸引了从病毒到脊椎动物的数百种生物，企图进入蜂巢以获取部分或全部营养，同时蜜蜂也发展了一系列防御措施来保卫蜂巢。养蜂生产中最常见的蜜蜂侵袭性敌害主要包括巢虫、胡蜂、蚂蚁及两栖类的蟾蜍，另外自然界中还有很多蛾类、蜂虱、蝇类、蜂狼、蚁蜂等对蜜蜂或其巢脾都会造成一些危害；此外，鸟类中的蜂鸟、蜂虎、啄木鸟以及哺乳动物中的老鼠、松鼠、黄喉貂、臭鼬、熊等，都可能对蜜蜂造成较大的危害，本书重点讲述巢虫、胡蜂、蚂蚁及蟾蜍等侵袭性敌害。

1. 巢虫

巢虫（图9-34、图9-35）又叫蜡蛀虫，是蜡螟的幼虫，常见的有大蜡螟和小蜡螟。在夏末秋初，如果将巢脾从蜂群中提出来，容易遭受蜡螟的危害，若将巢脾储藏在温暖的室内，就会加剧蜡螟的泛滥。

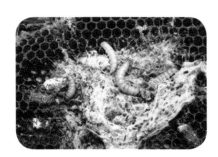　　

图9-34　巢脾上的巢虫幼虫　　　　　图9-35　啃食巢房的巢虫

（1）**巢虫危害的症状及诊断**　由于巢虫在巢脾上穿隧道，蛀食蜡质，吐丝作茧，不但严重毁坏巢脾，而且还造成蜜蜂幼虫或蛹死亡，引起所谓的"白头病"，严重时还会引起蜂群飞逃，尤以中蜂受害较为严重，因此巢虫是蜜蜂的主要敌害。

（2）**巢虫危害的特点及规律** 蜡螟白天隐藏在隙缝里，晚上出来活动。雌蛾和雄蛾在夜间交配，然后潜入蜂箱里产卵。每只大蜡螟雌蛾可产卵2000～3000粒，小蜡螟可产卵300～400粒。卵多产于蜂箱的缝隙、箱底的蜡屑中。初孵化的幼虫先在蜡屑中生活，3～4天后上巢脾，然后在巢脾前或蜂箱壁及巢框等处啃成小坑，结茧化蛹（图9-36），再羽化为成虫（图9-37）。巢虫可在巢房底部吐丝作茧，在巢脾中打隧道蛀坏巢脾和在巢脾上蛀食蜡质（图9-38），并伤害蜜蜂幼虫和蜂蛹。被害蜂群轻则出现秋衰，影响蜂蜜的产量和质量，重者弃巢逃走，造成损失。

图9-36　巢虫结茧对巢脾的危害

图9-37　巢虫的成虫

图9-38　啃食巢脾的巢虫

（3）**巢虫危害的防治要点**　冬季巢虫一般以卵的形态附着在巢脾上，因此应抓紧时机杀灭巢虫卵，防治方法如下。

①**冻脾**　试验表明，在 −7 ～ −8℃的低温下冻脾 5 ～ 6 小时，可以杀灭所有的巢虫卵、幼虫、蛹。因此，低温天气是冻脾的有利时机。具体做法是：每继箱放 8 ～ 9 脾，错开叠放在室外寒风侵袭处，一昼夜即可。

②**二硫化碳（或硫黄）密闭熏蒸**　利用二硫化碳密闭熏蒸，可以杀死巢虫的卵、幼虫、蛹和成虫。经一次性处理，若无外部巢虫侵入，不会再有巢虫蛀食巢脾。利用二硫化碳熏蒸巢脾的具体做法是：每 5 ～ 6 个继箱为一叠，每继箱放 8 ～ 9 脾，放进用新塑料薄膜做成的、扎住一端的大口袋内，在最上部放一盘状器皿，其中注入 200 毫升左右的二硫化碳溶液（按每脾 3 ～ 4 毫升计算），然后扎住塑料袋上口即成。操作人员注意不要吸入二硫化碳。

（4）**巢虫防治小经验**　藏匿于中蜂脾中的巢虫最难防治，采用硫黄熏杀，脾上的蜂幼虫、封盖子便与巢虫同归于尽；太阳晒虽有效果，但在早春或晚秋阳光不足，无法清除脾中巢虫。用电吹风把虫害脾的两面吹热后，再用木棒敲击巢框上梁及侧条，巢虫便被逼出来，这样反复几次，脾中的巢虫就所剩无几了。

2．胡蜂

在众多的蜜蜂侵袭性敌害中，胡蜂（图9-39）对蜜蜂的影响较大，常见的有金环胡蜂、墨胸胡蜂、黑盾胡蜂、基胡蜂、黄腰胡蜂、黑尾胡蜂和小金箍胡蜂7种。

（1）**胡蜂的危害和症状**

①**捕食蜜蜂**　胡蜂在空中追逐捕食蜜蜂或在巢门前等候捕食进出的工蜂（图4-3），捕捉到蜜蜂后即飞往附近树枝上或建筑物上，去除头、翅、腹后携带蜜蜂胸部回巢。小型胡蜂比大型胡蜂更灵活，捕食的成功率更高。

②**攻占蜂巢**　群势较弱的蜂

图9-39　胡蜂

群，胡蜂可成批攻入，蜂群被迫弃巢飞逃或被毁灭。例如，金环胡蜂发现蜂巢后杀死蜜蜂带回自己的巢穴喂养幼虫，经几次往返后，在蜜蜂巢附近释放信息素进行标记以召唤同伴，来自同一蜂巢的胡蜂聚集在标记的蜜蜂巢前咬杀蜜蜂，1只胡蜂1分钟内能咬死多达40只蜜蜂；最后胡蜂会占据蜂巢，约10天后，把幼虫和蛹搬回自己的巢穴，喂养幼虫。胡蜂攻占蜂巢一般只发生在秋季，由于此时正值胡蜂的繁殖高峰，需要大量的蛋白质，食物的需求迫使胡蜂冒险攻占蜜蜂蜂巢。

③**胡蜂对蜜蜂活动的影响**　胡蜂对蜜蜂采集活动的影响主要取决于胡蜂在蜂箱门口滞留的时间，滞留时间越长，影响的程度就越大。黄腰胡蜂还能在雄蜂聚集区吸引雄蜂，当雄蜂靠近时就会冲向雄蜂，成功捕捉猎物后即飞离聚集区，这种模拟捕食干扰了蜂王的正常交配。

（2）胡蜂危害的防治要点

①**预防与守护**　为了防止胡蜂由巢门及蜂箱其他孔洞钻入箱中，应加固蜂箱和巢门。胡蜂危害严重时期，要有专人守护蜂场，及时扑打前来骚扰的胡蜂。胡蜂危害后，巢门前的死蜂要清除干净，避免下次胡蜂来时攻击同一箱蜜蜂。

②**毁巢**　要根除胡蜂的危害，可用农药摧毁养蜂场周围的胡蜂巢。但许多胡蜂营巢隐蔽不易发现，或蜂巢高空悬挂，难以举巢歼灭。因此可在养蜂场上捕擒来犯的胡蜂，给其敷药后再纵其归巢毒死其巢内其他胡蜂，最终达到毁其全巢的目的。

3．蚂蚁

（1）蚂蚁的危害　在蜜蜂饲养管理过程中，蚂蚁（图9-40）的危害可谓最为头痛的问题之一。特别是中蜂，由于中蜂的生物学特性很难维持强群，特别是中蜂喜静怕骚扰。如果群势小于4脾，群势不强时，蜂群对蚂蚁的危害则是毫无办法。蚂蚁在蜂箱内四处爬行，有的甚至爬到巢脾上偷食蜂蜜、花粉、幼虫，时间一长蜂群会因为缺蜜或经不住骚扰，逐渐衰

图9-40　蜂箱上覆盖的蚂蚁巢穴

弱甚至死亡，给蜂场造成不必要的损失。

白蚁对蜜蜂的危害也非常大，一般在南方各省，如海南、广西等地，白蚁对蜂群的危害较为严重。白蚁主要以木质纤维为食，因此对蜂群的影响主要是破坏蜂箱，引起蜂箱寿命的缩短，从而造成巨大损失。一般发现白蚁后，采用药物很容易治疗，但白蚁在蜂箱中留下的蚁穴通常又成为其他蚂蚁良好的寄生场所，这些蚂蚁对蜂群的危害将更加严重。

（2）蚂蚁的防治要点和方法

①架高蜂箱　每只蜂箱选用10~15厘米长的铁钉3~4枚（钉子直径不必过大，长度够就可以了，如果条件有限，可用长度相似的木桩代替），钉在蜂箱四角，钉入4~5厘米，尽量让钉子的高度在同一水平线上，或巢门方向可略低，使蜂箱呈前倾状，也可用3枚钉子呈正三角形钉入蜂箱底部。然后对应钉子部位垫入砖头，一枚钉子对应一个砖头，砖头上放上高度低于10厘米的塑料瓶或玻璃瓶，口径小于5厘米的最好，这样可防止蜜蜂误入淹死，将瓶内注入机油或废机油，或注入1/2的水和1/2的机油。这样做的好处是机油浮在上面，水分不易挥发，如换成清水一是水分容易蒸发，二是蜜蜂在采食水时易跌入瓶内被淹死。再将已钉入钉子的蜂箱角插入瓶中（注意：钉长部分要露出瓶口最少1厘米），然后调整好蜂箱的稳定性即可。同时要锄掉蜂箱周围的杂草，不要让杂草接触蜂箱，以免蚂蚁沿着杂草爬入蜂箱（图3-1、图3-7）。

②水淹法　在蜂箱四周挖出一条深10厘米左右、宽5厘米左右的小沟，小沟内用水泥抹光或垫入塑料布，然后注入清水，最后锄掉蜂箱四周杂草，防止蚂蚁借草过沟侵入蜂箱。此法虽然简单易行但容易使个别蜜蜂误跌入沟中淹死。

③捣蚁穴巢　找到蚁穴后，用木桩或竹竿对准蚁穴部，打三四个深60厘米的孔洞，再往每个孔洞里灌注100~150毫升的煤油，然后用土填平，以杀死其中的蚂蚁。此外，也可用火焚烧蚁穴。

④药物毒杀　在蚁类活动的地方可将DDT、氯丹施用于土壤上，可杀死蚂蚁；也可采用硼砂、白糖、蜂蜜的混合水溶液做毒饵，可收到较好的诱杀效果。但在我国南方某些地区如海口等地，就有一类小黑蚁很难用药物毒杀，主要是这类蚂蚁不吃毒饵，因此，它们对蜂群的危害非常大。

以上几种方法采用任何一种，足可以防止蚂蚁爬入蜂箱危害蜂群，发生蚁害的蜂场不妨一试。要防止蚁害，当然最根本的是选择分蜂性弱且能维持强群的蜂群培育蜂王，只要达到5脾以上，做到蜂脾相称或蜂略多于脾，蚂蚁也就无法上脾危害。所以饲养强群是防止蚂蚁危害的最好方法。

（3）防治小经验　定地饲养中蜂时不可避免地要遭到白蚁或蚂蚁的危害，很容易造成蜂箱被侵蚀。在实践中，有蜂农发现，将酒瓶倒埋做蜂箱支架可以很好地预防白蚁或蚂蚁，主要有以下三个好处：一是不会腐烂、不被蚁蛀；二是酒瓶表面光滑，能有效防治蚂蚁上箱危害蜂群；三是节约木材资源，有利于生态环境。

4．蟾蜍

蟾蜍（图9-41）主产于中国、日本、朝鲜、越南等国家，广泛分布于我国南北地区，常见主要品种为中华大蟾蜍、花背蟾蜍和黑眶蟾蜍3种。这几个品种个体大，体长10厘米以上，背面多呈黑绿色，布满大小不等的瘰疣。上下颌无齿，趾间有蹼，雄蟾蜍无声囊，内侧三指有黑指垫。在我国山区和稻区，蛙和蟾蜍种类众多，分布也很广，

图9-41　蟾蜍

蛙对蜜蜂也有危害，但不如蟾蜍严重。每只蟾蜍一晚上可吃掉10~100只的蜜蜂。

蟾蜍对蜂群危害较大，由于其属于有益动物，可以消灭害虫，在防治上应以预防为主，尽量不要伤害。常见防治方法如下。

①清除蜂场上的杂草、杂物及蟾蜍的隐身之处。

②将蜂箱垫高60厘米，使蟾蜍无法靠近巢门捕捉蜜蜂。

③蜂群不多的蜂场，可在蜂箱巢门前开一条长50厘米、宽30厘米、深50厘米的沟。白天用草帘等物将坑口盖上，夜间打开。当蟾蜍前来捕食蜜蜂时，就会掉入坑内，爬不出来。

④用细铁丝网将蜂场围起来，使蟾蜍无法靠近蜂箱，或将蜂箱紧密地排成圆圈状，巢门向内，从而使蟾蜍无法捕食到蜜蜂。

第七节　其他常见蜂群异常及防治措施

1. 工蜂产卵

工蜂产卵（图6-18）是在失王的条件下，工蜂卵巢得到充分发育而产下未受精卵。在无王条件下，产卵工蜂的发生率随不同种群发生变化，工蜂产卵在东、西方蜜蜂中都常发生，南非海角蜂在无王后几天，产卵工蜂就开始发育，而其他蜂种相对要较长时间才出现产卵工蜂。

（1）**工蜂产卵的症状及特点**　从箱外观察，与正常蜂群比较，工蜂产卵群的工蜂出入稀少，不带花粉，幼蜂很少出箱试飞。出来的工蜂显得干瘦，背部黑亮。开箱检查，箱内工蜂慌乱，暴躁蜇人，大部分工蜂体色黑亮。提起巢脾，分量很轻。储存的饲料比正常群少得多，花粉更缺少。停止造脾，找不到蜂王，也没有王台，或者只有出房已久的王台基，仔细察看，可以发现有些工蜂把整个腹部伸到巢房中，一些工蜂像侍候蜂王一样守在它们身边，这就是工蜂在产卵。

（2）**工蜂产卵的简易诊断**　工蜂产的卵，一般连不成片，没有秩序，有的巢房空着，有的巢房产数粒，东歪西斜，有的甚至产在巢房壁上。如果工蜂产卵已有较长时间，可以看到无论工蜂房或雄蜂房，一律封上了凸起的雄蜂房盖，其有小型雄蜂出房。

（3）**工蜂产卵的防治要点**　一旦发现工蜂产卵，应及早诱入成熟王台或产卵王加以控制。另一种办法是，在上午把原群移开30～60厘米，原位另放一蜂箱，内放1框带王蜂的子脾，让失王群的工蜂自行飞回投靠。等到晚上，再将工蜂产卵群的所有巢脾提出，把蜂抖落在原箱内，饿一夜。次日再让它们自动飞回原址投靠，然后加脾调整。工蜂产卵群在新王产卵或产卵王诱入后，产卵工蜂会自然消失。对于不正常的子脾必须进行处理，已封盖的应用刀切除，幼虫可用分蜜机摇离，卵可用糖浆灌泡后让蜂群自行清理。

（4）**防治小经验**　发现产卵工蜂立即用镊子夹下并杀死，将已产的卵、虫脾提出冻死；从别群抽卵虫脾加入工蜂产卵群，若修造改造王台后留1～2个大的，其余的废掉，新王产卵后该蜂群就可正常发展了。

2．农药中毒

蜜蜂对目前使用的大部分农药敏感，蜜蜂农药中毒成为世界范围内养蜂业的一个严重问题。

农药对蜜蜂的毒性依品种不同而异，根据其毒性的高低可分为三类。高毒类：这一类农药对蜜蜂的毒性很大，半数致死量为 0.001～1.99 微克/只蜜蜂。这类农药包括久效磷、倍硫磷、乐果、马拉硫磷、二溴磷、地亚农、磷胺、谷硫磷、亚胺硫磷、甲基对硫磷、甲胺磷、乙酰甲胺磷、对硫磷、杀螟松、残杀威、呋喃丹、灭害威等。中毒类：这类农药对蜜蜂的毒性中等，半数致死量为 2.00～10.99 微克/只蜜蜂。如喷药剂量及喷药时间适当，可以安全使用，但不能直接与蜜蜂接触。这类农药主要包括双硫磷氯灭杀威、滴滴涕、灭蚁灵、内吸磷、甲拌磷、硫丹、三硫磷等。低毒类：这类药剂对蜜蜂毒性较低，可以在蜜蜂活动场所周围施用。主要包括杀螨剂、丙烯菊酯、苏云金杆菌、毒虫畏、敌百虫、乙烯利、杀虫脒、烟碱、除虫菊、灭芽松、三氯杀螨砜、毒杀芬等。

（1）**农药中毒的症状**　蜜蜂农药中毒后的第一迹象就是在蜂箱门口出现大量已死或将要死亡的蜜蜂，这种现象遍及整个蜂场。许多农药不仅能毒死成年蜂，而且还能毒死各个时期的幼虫。大多数的农药常使采集蜂中毒致死，而对蜂群其他个体并无严重影响。有时蜜蜂是在飞回蜂箱后大量死亡，造成蜂群群势严重削弱，极端情况是，农药由采集蜂从外界带回蜂巢，使巢内的幼虫和青年工蜂中毒死亡，甚至全群覆灭。具体症状如下。

①**有机磷农药中毒的典型症状**　呕吐、不能定向行动，精神不振、腹部膨胀、绕圈打转、双腿张开竖起。大部分中毒的蜂死在箱内。

②**氯化氢烃类农药中毒的典型症状**　活动反常、不规则、震颤，像麻痹一样拖着后腿，翅张开竖起且钩连在一起，但仍能飞出巢外，因此，这类中毒的蜜蜂不仅会死在箱内，也可能死在野外。

③**氨基甲酸酯类农药中毒的典型症状**　爱寻衅蜇人、行动不规则，接着不能飞翔、昏迷、似冷冻麻木，随即呈麻痹垂死状，最后死亡。大多数蜜蜂死在箱内，蜂王常常停止产卵。

④**二硝酚类农药中毒的典型症状**　类似氯化氢烃类农药中毒后的症状，但又常常伴随着有机磷中毒症状，从消化道中吐出一些物质，大部

分受害的蜂常死在箱内。

⑤**植物性农药中毒的典型症状** 高毒性的拟除虫菊酯可引起呕吐、不规则的行动，随即不能飞翔、昏迷，以后呈麻痹、垂死状，最后死亡。中毒蜂常常死于野外，这类农药中的其他农药在田间使用标准剂量时，对蜜蜂没有毒害。

（2）**农药中毒的特点和简易诊断** 蜂场突然出现大量蜜蜂死亡，群势越强，死蜂越多；死蜂多为采集蜂；蜂箱外有蜜蜂在地上翻滚、打转、抽搐、痉挛、爬行，死蜂两翅张开呈"K"型，喙伸出，腹部向内弯曲；开箱检查箱底有死蜂、潮湿，并有"跳子"现象，且镜检不见病原菌，即可断定为农药中毒。此时，应仔细检查蜂场附近是否喷洒过农药，喷洒了什么农药，根据本节中不同农药的中毒症状可进一步确定是否为农药中毒。

（3）**农药中毒的防治要点** 对于蜜蜂农药中毒，只要高度重视，是可以避免的。为了避免发生农药中毒，养蜂场应与施药单位密切配合，了解各种农药的特性和施用知识，共同研究施药时间，避免或减少对蜜蜂的伤害。具体预防措施如下。

①**禁止施用对蜜蜂有毒害的农药** 在蜜蜂活动季节，尤其在蜜粉源植物开花季节，应禁止喷洒对蜜蜂有毒害的农药。若急需用药时应选用高效低毒、药效期短的农药，并尽量采用最低有效剂量。

②**在农药内加入驱避剂** 在蜂场附近用药或飞机大面积施药，应在农药内加入适量的驱避剂，如石碳酸、硫酸烟碱、煤焦油、萘、苯甲酸等，这些物质本身对蜜蜂无毒，但它们本身的气味会影响蜜蜂对花蜜的采集，从而防止蜜蜂采集施过农药的蜜粉源植物。加驱避剂一般能使蜜蜂的农药中毒损失降低50%以上。

③**施药单位应尽量采取统一行动，一次性用药，并在用药前1星期通知蜂场主** 施药单位应尽量集中在一个对蜜蜂较安全的时间内施药（如蜜蜂出巢前或傍晚蜜蜂回巢后）。在采取大面积施药前，应采取各种宣传措施通知附近的蜂场主，让他们有足够的时间在喷洒农药前一天晚上关闭蜂箱巢门，或用麻布、塑料袋等把蜂箱罩住，或将蜜蜂转入未施农药的新场。

④**采用抗农药的蜜蜂品种** 美国及苏联都开展过培育抗农药蜜蜂品种的研究；我国及世界许多国家的作物育种家早已进入培育抗病虫害的作物品种的研究，这两方面取得的成果都会减少或避免蜜蜂农药中毒。

（4）**防治小经验**　对于发生农药中毒的蜂群，如果损失的只是采集蜂，箱内没有带进任何有毒的花粉和花蜜，而且箱内还有充足、无毒的饲料时，就不需要做任何处置；如果蜂子和哺育蜂也中毒，这时就需要及时转场，并需要将蜂群内所有混有毒物的饲料全部清除，并用1:1的稀薄糖浆或甘草水糖浆进行饲喂。此外，还可考虑饲喂一些解毒药物，例如由1605、1059、敌百虫和乐果等有机磷农药引起的中毒蜂群，可采用0.05%～0.1%硫酸阿托品或0.1%～0.2%解磷定溶液进行喷脾解毒。

3．甘露蜜中毒

蜜蜂甘露蜜中毒是我国养蜂生产上一种常见的非传染病，以每年的早春和晚秋发生较严重，尤其是干旱歉收年份，发生范围大、死亡率高，若防治不及时，容易给蜂场造成重大损失。在每年的夏秋之交，当外界蜜源中断且气候干旱少雨时，蜜蜂甘露蜜中毒也时有发生。

（1）**甘露蜜中毒的症状**　发生甘露蜜中毒的大多是采集蜂，通常是强群比弱群中毒死亡的更严重。中毒严重时，蜂王和幼虫都会死亡，中毒的蜜蜂腹部膨大，失去飞翔能力，病蜂大多死在箱外。解剖病蜂观察，蜜囊呈球形，中肠萎缩、环纹消失，呈灰白色，并有黑色絮状沉淀，后肠呈蓝色或黑色，肠内充满暗褐色或黑色的粪便。

（2）**甘露蜜中毒的简易诊断**　如果外界蜜源缺乏时，蜜蜂仍采集活跃，而采集蜂出现死亡现象，蜂场周围有可能存在甘露蜜。此时打开蜂箱检查未封盖的蜜脾时，若蜜汁浓稠，呈暗绿色，无天然蜂蜜的芳香味，且巢脾内有结晶蜜，即可初步判断是甘露蜜中毒。

取怀疑为甘露蜜中毒的死蜂。观察死蜂，腹部膨大。用镊子拉出死蜂消化道观察，蜜囊呈球形，中肠萎缩，呈灰白色，有黑色絮状沉淀，后肠呈蓝色或黑色，肠内充满暗褐色或黑色的粪便，可判断蜜蜂因采食不易消化的物质，下痢而死。结合症状检测结果，可判断蜂群为甘露蜜中毒引起的死亡。

（3）**甘露蜜中毒的特点及规律**　甘露蜜包括蜜露和甘露两种。甘露是由蚜虫、介壳虫等昆虫采食作物或树木的汁液后，分泌出的一种淡黄色无芳香味的胶状甜液，这些昆虫常寄生在松树、柏树、柳树、杨树、榛树、椴树、刺槐、沙枣等乔灌木以及高粱、玉米等农作物上，尤其是干旱年份，这些昆虫大量发生，排出大量甜汁（甘露）吸引蜜蜂采集。

蜜露是由于植物受到外界温度变化的影响或受到创伤，从植物叶、茎部分或创伤部位分泌渗出的甜液。外界蜜源缺乏时，蜜蜂就大量采集这两种分泌物，将其酿造成甘露蜜。甘露蜜中毒主要是矿物质含量过高，蜜蜂采集取食后导致其消化不良，下痢而死。

（4）甘露蜜中毒的防治要点

①选择放蜂场地时，远离能够产生甘露蜜的植物（松树、柏树等）较多的地方。

②在早春或晚秋蜜源中断季节，为蜂群留足饲料，并对缺蜜的蜂群进行奖励饲喂，不要让蜂群长期处于饥饿状态。

③对已采集甘露蜜的蜂群，在喂越冬饲料前将蜜脾换掉，补喂新鲜的糖浆或蜂蜜，千万不要留甘露蜜做越冬饲料，以防越冬蜂群甘露蜜中毒造成严重损失。

④若发现甘露蜜中毒，蜂群最好转地，并进行药物治疗。一般以助消化的药物为主。

⑤因甘露蜜中毒诱发其他传染性病害（孢子虫病、下痢病等）的蜂群，应根据不同的病害采取相应的防治措施。

4．花蜜中毒

养蜂生产实践中常见的花蜜中毒主要是枣花蜜中毒和茶花蜜中毒。枣花蜜中毒主要是由枣花蜜中所含生物碱类物质引起，枣花开花期气候干旱炎热，花蜜黏稠，蜜蜂采集费力，在蜂群缺水的情况下，采集蜂中毒较为严重。枣花流蜜即将结束、荆条蜜源开始流蜜时，中毒则逐渐减轻。

引起蜜蜂茶花蜜中毒的主要原因是蜜蜂不能消化利用茶花蜜中的低聚糖成分，特别是不能利用结合的半乳糖成分，从而引起生理障碍。

（1）花蜜中毒的症状及诊断　蜜蜂枣花蜜中毒又称枣花病。发生在枣树开花流蜜期，大批采集蜂死亡，蜂群群势下降，严重影响枣花期蜂蜜的产量。中毒蜜蜂身体发抖，肢体失去平衡，失去飞翔能力，两翅平伸或竖起，向前爬行跳跃，四肢抽搐，对外界刺激反应迟钝，腹部勾曲。在蜂场坑凹处可见较大数量的死蜂，大部分死蜂腹部空虚；死蜂双翅张开，腹部向内弯缩，吻伸出，呈现典型的中毒症状。

茶花蜜中毒的主要症状是烂子。蜜蜂采集了茶花蜜后，蜂群内的子脾前3日龄发育正常，等到将要封盖或已封盖时，大幼虫开始成批地腐烂、死亡，房盖变深，有不规则的下陷，中间有小孔。幼虫尸体呈灰白色或乳白色粘在巢房底部，开箱后即能闻到腐臭味。

（2）花蜜中毒的特点及规律　枣花蜜中毒主要发生在华北地区5~6月枣花流蜜期，是我国华北地区枣花流蜜期的一种地方性病害。中毒特点见上述症状中叙述。

茶树在我国南方秋末冬初开花（通常为9~11月），花期长，流蜜量大，是很好的晚秋蜜源。但蜜蜂采集后，能引起幼虫大批死亡，因此，不仅丰富的蜜源资源不能利用，而且还会给蜂群越冬带来困难，成为养蜂生产的严重障碍。

（3）花蜜中毒的防治要点

①枣花蜜中毒的防治

a. 在枣花期前，要选择蜜粉源较充足的场地放蜂，使蜂群有大量花粉，以备进入枣花期供蜂群食用，可减轻蜜蜂中毒程度。

b. 在枣花大流蜜期到来时，注意补充饲喂，可减轻蜜蜂中毒程度。每天傍晚给蜂群喂酸性糖浆（在1:1的糖浆中加入0.1%的柠檬酸或5%的醋酸），也可用生姜水、甘草水灌脾，可起到预防和减轻中毒的作用。

②茶花蜜中毒的防治　茶花蜜中毒的防治应注重饲养管理，结合药物防治。每天傍晚在蜂群的子脾区域用含少量糖浆的解毒药物（0.1%的多酶片、1%乙醇以及0.1%大黄苏打）喷洒或浇灌，隔天饲喂1:1的糖浆或蜜水，并适时补充花粉；采蜜区要注意适时取蜜，在茶花流蜜盛期，一般3~4天取蜜1次，若蜂群群势较强，可生产王浆或采用处女王取蜜，每隔3~4天用解毒药物糖浆喷喂1次。

（4）防治小经验　枣花流蜜期，经常在蜂箱四周及箱底洒些冷水，以保持地面潮湿，为蜂群架设凉棚遮阴，防止烈日直晒，可以一定程度上减轻中毒症状。

对茶花蜜中毒的防治，可采用加强饲养管理的方式。如分区饲养管理结合药物解毒，使蜂群既可充分利用茶花蜜源，又尽可能少取食茶花蜜，以减轻中毒程度。根据蜂群的强弱，分区管理分为继箱分区管理和单箱分区管理两种方法。

①继箱分区管理　该措施适用于群势较强的蜂群（6框足蜂以上）。

具体做法是，先用隔离板将巢箱分隔成两个区，将蜜脾、粉脾和适量的空脾连同蜂王带蜂提到巢箱的任一区内，组成繁殖区，然后将剩下的脾连同蜜蜂提到巢的另一区和继箱内，组成生产区（取蜜和取浆在此区进行）。继箱和巢箱用隔王板隔开，使蜂王不能通过，而工蜂可自由进出。此外，在繁殖区除了靠近生产区的边脾外，还应分别加一蜜粉脾和一框式饲喂器，以便人工补充饲喂并阻止蜜蜂把茶花蜜搬进繁殖区。巢门开在生产区，繁殖区一侧的巢门则装上铁纱巢门控制器，使蜜蜂只能出不能进。

②**单箱分区管理**　将巢箱用铁纱隔离板隔成两个区，然后将蜜脾、粉脾和适量的空脾及封盖子脾同蜂王带蜂提到任一区内，组成繁殖区，另一区组成生产区。上面盖纱盖，注意在隔离板和纱盖之间应留出0.5~0.6厘米的空隙，使蜜蜂自由通过，而蜂王不能通过。在繁殖区除在靠近生产区的边框加一蜜粉脾外，还在靠近隔板处加一框式饲喂器，以便人工补充饲喂和阻止蜜蜂将茶花蜜搬入繁殖区，但在远离生产区的一侧框梁上仍留出蜂路，以便蜜蜂能自由出入。巢门开在生产区，将繁殖区一侧的巢门装上铁纱巢门控制器，使蜜蜂只能出不能进，而出来的采集蜂只能进生产区，这样就避免繁殖区的幼虫中毒死亡，达到解救的目的。

5. 其他植物的花中毒

在我国，还有一些常见的植物花蜜能使蜜蜂中毒，如大戟属植物的花蜜等。另外，一些有毒蜜粉源植物也会引起蜜蜂中毒。

6. 危害蜜蜂的寄生蜂

与蜂业相关的寄生蜂国内已报道3种，寄生中华蜜蜂的斯氏蜜蜂茧蜂，寄生蜜蜂敌害大蜡螟的蜡螟绒茧蜂和蜡螟凹头小蜂本书主要介绍危害中蜂的斯氏蜜蜂茧蜂（图9-42）及其防治。

斯氏蜜蜂茧蜂属姬蜂总科、

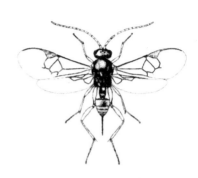

图9-42　斯氏蜜蜂茧蜂

茧蜂科、优茧蜂亚科、蜜蜂茧蜂属。寄生中蜂蜂群，寄生率可以达20%左右。中蜂被寄生初期无明显症状，待茧蜂幼虫老熟时，可见大量被寄生的蜜蜂离脾，六足紧卧，伏于箱底和箱内壁，巢门偶见，腹部稍大，丧失飞翔能力，螫针不能伸缩，不蜇人。中蜂不论蜂群群势强弱，皆被寄生，幼蜂多的蜂群被寄生率高。

斯氏蜜蜂茧蜂在贵州省一年发生3代，在9月下旬及10月上旬，最后一代（3代）的蛹茧在蜂箱裂缝及蜡屑内或箱底泥土内越冬。在重庆南川、广东等养蜂数量较多的区域也有这种寄生蜂寄生的报道。越冬蛹茧于翌年4月下旬陆续羽化。第1代卵至老熟幼虫历时36~39天。幼虫老熟时纵贯中蜂腹腔，且中蜂体内仅1头茧蜂幼虫，在蜂箱裂缝或阴僻处及箱底泥土内吐丝结茧化蛹，蛹期为11~13天。成蜂从茧内羽化后，雌雄蜂即追逐交尾。1~2代雌雄成蜂在箱内可存活30天以上。中蜂群在向阳处被寄生少，阴湿处被寄生多。雌蜂喜选择10日龄以内的中蜂幼蜂产卵，在每头中蜂体内仅产卵1粒，且多于腹部第2~3节节间膜产卵。

防治：避免从斯氏蜜蜂茧蜂分布区引入中蜂蜂群。此蜂在蜂箱裂缝及蜡屑内或箱底泥土内作茧化蛹，故应在4月底羽化之前彻底打扫蜂箱及箱底泥土，清除越冬蛹茧；平时也要经常打扫，适时换箱，反复晒箱；发现成蜂及时扑杀，可减轻危害。

第十章 蜜蜂肠道微生物

第一节 蜜蜂肠道与健康

　　蜜蜂作为传粉媒介的重要组成部分，是全球生物多样性的重要因素，它们对作物、水果和野生植物的授粉活动，使其成为世界范围内最重要的传粉昆虫之一。昆虫授粉可产生巨大的经济价值，全球每年因昆虫授粉所创造的价值高达1530亿欧元。然而，自2006年爆发蜜蜂蜂群衰竭失调（colony collapse disorder，CCD）现象以来，美国、欧洲等国蜂群损失严重，由此引发的授粉危机和经济损失引起了世界各国的重视，蜜蜂健康问题也开始成为各国政府、科学家和蜂农的关注热点。

　　动物肠道中的微生物群落与宿主健康息息相关，最新的研究表明它们和宿主相互协作从而增加整个机体的适应性，近几年来全球对这一领域的研究持续升温，鉴于蜜蜂在生态系统中的重要作用和蜜蜂健康受到威胁的现状，本节重点阐述了蜜蜂肠道菌群在蜜蜂健康中的调节作用及影响因素。

1．蜜蜂肠道菌的调节作用

　　（1）肠道菌对蜂群的调节作用及机理　　在蜜蜂中经常发现的细菌菌群中，乳酸菌（lactic acid bacteria，LAB）和醋酸菌（acetic acid bacteria，AAB）是近年来研究人员最感兴趣的常见共生菌，它们可提高蜜蜂免疫力。以 AAB 为例，将其添加到糖饲料中已经得到普遍应用，这表明 AAB 在宿主中具有潜在的益生作用。乳酸菌是革兰氏阳性菌，耐酸，它们是很多昆虫胃肠道内的常驻菌，可参与免疫调节和维护健康的肠道菌群结构，对宿主具有有益的作用。蜜蜂的消化系统可作为 LAB 的最佳生态位，它们可以从蜜蜂的食物中汲取营养供自己生长。醋酸菌是专性需氧菌中的一大群革兰氏阴性菌，可以沿着宿主上皮细胞与病原体相互竞争，在生理上占据可用的生态位和营养，并与病原菌展开竞争，此外，酸和胞外多糖产物可能也有助于醋酸菌在昆虫肠道内成功定殖。

LAB 和 AAB 可在酸性条件下表现出独特的生长特征，如产生有机酸和醋酸，还能代谢不同的糖。这些特性很好地解释了 LAB 和 AAB 可抑制酸敏感性致病菌增长的原因。考虑到甲酸、乳酸和乙酸被蜂农用来防治病原菌感染，那么 LAB 和 AAB 很可能是保护蜜蜂的重要天然共生菌。从另一个角度看，当肠道微生物分布不平衡时，尤其是 LAB 和 AAB 的存在度较低时，可对蜜蜂生理产生负面影响，并直接或间接增加宿主对疾病的易感性。受 CCD 影响蜂群大都受一些疾病的影响，如大蜂螨、病毒、幼虫腐臭病、真菌及微孢子虫病等，通过这一现象可知，蜜蜂的健康可能受定殖在肠道中的比例相对平衡的微生物调节。

共生菌可以调节肠道平衡，保护蜜蜂幼虫免于感病。这种保护幼虫的调节机制非常复杂，从对病原菌的直接对抗到产生抗菌物质并激活或兴奋先天免疫反应。Evans 和 Lopez 指出，幼虫服用非致病性的 LAB 食物通常还牵涉到 LAB 刺激而产生的免疫反应。另外，共生菌产生的抗菌化合物直接抑制病原菌和蜜蜂免疫系统被激活（或兴奋）后抗病力提高也可能是共生菌对宿主健康的调节机制之一。为了更好地理解肠道菌群的微生物生态学和群体动态对蜜蜂健康的作用，进一步了解肠道菌的调节机制，还需要调查其他方面的内容，如 AAB 和 LAB 竞争排他（竞争营养和黏附上皮细胞）的机制，肠道菌对宿主肠道 pH 的调节，微生物细胞之间的信息交流以及宿主细胞和共生菌对昆虫肠道聚生体的影响等。

（2）肠道共生菌的应用　通过对肠道共生菌的不断认识，科研人员意识到共生菌可作为一种生物防治措施来预防昆虫病原体或农业及人类的寄生虫。例如通过使用益生菌等有益菌来抑制病原菌在人类和动物上的扩散。所谓益生菌是指对宿主动物产生有益影响并改善宿主肠道微生物平衡的活的微生物饲料添加剂。由于蜜蜂益生菌的方法目前只是建立在理论上，这个领域的研究目前还比较少。最近的研究开始考虑在疾病发作时使用蜜蜂共生菌抵抗病原体、寄生虫或增强蜜蜂免疫力的可能性。在一些与蜜蜂共生菌相关的研究中，LAB已经被认为是一种能兴奋蜜蜂免疫力、帮助幼虫抵御病原菌侵袭的有效益生菌。

2. 肠道菌的影响因素

（1）**营养水平**　营养可直接影响宿主的免疫力，还可通过调节宿主肠道菌和病原体种群而间接影响；食物本身也是共生体的载体，不同的食物可提供不同的微生物成分，了解食物及肠道菌的组成和功能可更好地了解宿主和病原体相互作用的效果。有报道表明，饮食不仅改变了肠道的代谢功能，同时还能改变肠道菌群的结构。Koch等（2012）从野外抓捕熊蜂并在室内饲养到10只工蜂出房，然后放回到抓捕蜂王的地方，每周为这些蜂群提供50%浓度的糖水，最后结果表明额外添加糖水对野生地熊蜂蜂群的肠道多样性变化无影响。从目前的报道来看，营养对不同昆虫肠道菌多样性的影响差异较大，因此不同昆虫肠道菌的多样性、特异性等信息，还需要进一步分析才能最终确认。

（2）**抗生素残留**　抗生素主要通过粪便散布于环境中引起残留，在一些国家的河流和湖泊已经检测到了不同种类的抗生素，抗生素能够改变肠道微生物的多样性，因此昆虫在野外环境中不可避免地会遭受抗生素的影响。有关抗生素对蜜蜂影响的一个主要方向是抗生素的耐药性，Tian等（2012）对长期处于抗生素环境中的蜜蜂的肠道菌群产生的抗药基因进行了研究，研究表明蜜蜂肠道菌有8个抗性位点，包括耐药性基因（tetB、tetC、tetD、tetH、tetL及tetY）和核糖体防护基因（tetM及tetW），抗性基因在蜜蜂中普遍存在，而在熊蜂中只有三个抗性位点。

目前大部分的研究均将抗生素作为一个工具来杀死肠道菌来验证某种肠道菌功能，还未见不同浓度的抗生素残留对蜂群影响的报道，不同浓度抗生素处理后蜂群肠道菌群能否恢复及通过什么方式恢复还未见报道；另外，肠道菌对抗生素处理产生的抗性及适应机制也少见报道。

（3）**病原体感染**　目前病原体感染对蜜蜂肠道菌数量及功能的影响还很少见报道，Li等（2012）报道了感染东方蜜蜂微孢子虫（*Nosema ceranae*）的中华蜜蜂（*Apis.cerana.cerana* Fabricius）体内细菌数量较正常蜂少，尤其是*Bifidobacterium*（Bifido）和*Neisseriaceae*

（Beta/*Snodgrassella*）的数量差异显著，分析表明东方蜜蜂（*A.cerana* Fabricius）肠道菌群的组成可能影响其对东方蜜蜂微孢子虫的敏感性，研究者还指出共生菌的屏蔽作用可能是其对抗疾病的一种重要途径。但Koch等（2012）的研究结果表明，自然状态下地熊蜂感染微孢子虫和短膜虫与肠道菌多样性并无直接联系。由于蜂种、地理环境和感病程度等均不同，病原体感染是否会影响肠道菌的多样性变化或改变肠道菌群的组成还有待深入研究。

（4）日龄、季节和个体大小　肠道菌群的结构和组成处于动态变化中，年龄等因子都会影响其形成和功能。Martinson等（2012）通过使用实时定量（PCR）、显微荧光原位杂交（FISH）等技术研究了蜜蜂（*A. mellifera* Linnaeus）发育过程中特定肠道菌的形成，结果表明幼虫和刚出房的工蜂几乎没有细菌，成年工蜂（出房后9～30天）包含大量的BFG（Beta、Firm-5及Gamma-1）菌落群系，研究还表明中肠、回肠和直肠内菌群的分布也不相同。另外，不同季节，气候、蜜粉源差异较大，因此全年不同季节蜂群的肠道菌的变化很可能也有较大差异。Koch等（2012）研究了生态因素对野外地熊蜂的影响后发现，个体大小对肠道菌多样性无显著影响。

（5）地理环境　Koch等（2013）报道了地理距离可能影响共生菌*Gilliamella apicola*在熊蜂肠道内的分布，但缺乏系统研究。目前，不同地理环境下熊蜂肠道菌的多样性及适应机制的研究还未见报道。我国熊蜂资源丰富，从南到北均有分布。分析诸如青藏高原（高海拔、缺氧）、东北高寒地区、平原、内蒙古草原等地理环境对熊蜂肠道菌的影响，可为今后研究共生菌与宿主的相互作用、共生菌适应环境的机制等奠定基础。

由于目前蜜蜂大量死亡引起的经济损失，引起了科学界对各种蜜蜂疾病的关注，一个充满前景但仍未开发的一个领域就是对蜜蜂、熊蜂等传粉昆虫肠道菌群的研究。不断增加的证据表明宿主的健康状态和肠道微生物平衡之间有一种严格的相互联系，当肠道微生物以适宜的顶极群落存在时，可对机体应对疾病发生起到重要的作用，而肠道微生物群落生态平衡失调将导致病原体的入侵。

利用昆虫共生菌作为一种潜在的生物防治工具来保护有益昆虫的课题已经开始逐渐形成，并为改善昆虫先天免疫内稳态及昆虫健康做出了贡献。然而，为了能够管理这些昆虫体内复杂的肠道菌群，需要首先了解这些共生菌在健康群、疾病群和受压力等条件下与宿主发生作用的分子机制；在今后的研究中，还需进一步弄清昆虫区分非致病性（如肠道共生菌）和有害病原体的机制，这将对我们操控昆虫肠道菌并用来控制有害昆虫或保护传粉昆虫在内的有益昆虫提供了便利。例如，开发对动态变化的菌群的快速诊断技术，一旦检测到菌群失调，立即应用一些有效的细菌来重置菌群结构，使其达到最适的顶级群落状态，从而对抗病原菌入侵。

总之，肠道菌群的平衡在营养、代谢和免疫功能等方面对蜂群的健康起到了重要的作用，并对蜜蜂健康状况的改善有着重要意义。在蜜蜂等传粉昆虫不断面临的各种健康威胁下，弄清肠道菌群的影响因素与维持机理、开发可提高传粉昆虫活力和免疫力的优势共生菌、建立以肠道菌群平衡为目标的改善策略来增强蜜蜂对环境及各种病原菌的适应和抵抗能力将对蜜蜂养殖快速稳定发展至关重要。

第二节　蜜蜂肠道菌群的种类及特征

蜜蜂肠道中栖息着大量的微生物，它们与蜜蜂的营养生理活动有很大的关系，一方面其群落结构、代谢活动受到蜜蜂肠道微环境的影响，另一方面它们也影响蜜蜂的生命活动。目前在蜜蜂属和熊蜂属中发现的肠道共生菌主要归为八大类（共9种），细菌优势种系型来自5个纲：3种来自Alphaproteobacteria，1种来自Betaproteobacteria，2种来自Gammaproteobacteria，2种来自Firmicutes，1种来自Actinobacteria。鉴定到种的共有5种（其中Alpha-2.2的最新命名还未得到认可）。Firm-4和Firm-5包含的细菌种类较多，因此分类地位也尚未确定。

1. *Gilliamella apicola*

*G. apicola*在定名前被称为Gamma-1，是蜜蜂中的细菌新属，2012年由Moran等重新命名，属于γ-变形菌纲，革兰氏阴性。该细菌的菌株最适宜生长在微氧环境中，且在标准大气压下不易生长。其菌落光滑，形态多变，白色，圆形，直径约2.5毫米，在2天内形成。革兰氏阴性，杆状，非运动，并可能形成细丝链。*Gilliamella*属细菌对过氧化氢酶、硝酸还原酶以及氧化酶呈阴性。该属中唯一被描述的种为*G.*

apicola，隶属于Orbaceae科和 γ - 变形菌纲。该菌株已经从蜜蜂和熊蜂肠道内分离到。

2．*Frischella perrara*

F. perrara 即 Gamma-2，蜜蜂中的细菌新属，2013年由 Engel 等重新命名，属于 γ - 变形菌纲，革兰氏阴性菌。*F. perrara* 细菌的菌株细胞的长度约2微米，嗜（中）温，适宜厌氧条件生长。有氧环境下无法生长，微氧环境下生长缓慢。*Frischella* 属是兼性厌氧的细菌，但在完全厌氧的条件下不能生长。菌落光滑，平坦，呈半透明状，直径约1毫米，并在3日内形成。菌落形态为杆状，可能形成细丝链。*Frischella* 属细菌能够通过发酵葡萄糖、果糖或甘露糖来获得碳源。它们对过氧化氢酶呈阳性，对硝酸还原酶及氧化酶呈阴性。*Frischella* 属细菌在大多数工蜂肠道内都存在，占工蜂个体肠道细菌总数的13%。*F. perrara* 菌株已经从西方蜜蜂肠道内分离到，但在欧洲的熊蜂中并未检测到，而在中国的熊蜂肠道菌群中则检测到了该种的存在。

3．*Snodgrassella alvi*

S. alvi 也称为 Beta 类群，位于 β - 变形菌纲、奈瑟菌科内，革兰氏阴性菌。分离自蜜蜂和熊蜂肠道中 *S. alvi* 菌株的最适生长环境同 *G. apicola* 相似。菌落光滑，白色，圆形，直径约1毫米，在2天内形成。革兰氏阴性，杆状，非运动。*Snodgrassella* 属细菌可以利用柠檬酸或苹果酸作为主要碳源；对过氧化氢酶和硝酸还原酶呈阳性表达，对氧化酶呈阴性。*S. alvi* 菌株已经从蜜蜂和熊蜂肠道内分离到，典型的菌株为 *S. alvi* wkB2T。*Snodgrassella* 属细菌占蜜蜂个体肠道细菌总数的0.6% ～ 39%。

4．Alpha-1 和 Alpha-2 类群

醋酸菌科的细菌在蜜蜂肠道内主要为 Alpha-1 和 Alpha-2，Alpha-1 种系型属于巴尔通氏体属（*Bartonella*），在西方蜜蜂中普遍存在，是一组胞内病原菌；Alpha-2 种系型的 16S rRNA 序列与醋杆菌属（*Acetobacter*）和葡糖杆菌属（*Gluconobacter*）的一些细菌序列相似（Corby-Harris *et al.*，

2014）。Alpha-2又分为Alpha-2.1和Alpha-2.2。AAlpha 2.2存在于蜂粮中、采集蜂的蜜囊里以及幼虫体内，但在哺育蜂和采集蜂的中肠和后肠中的含量微乎其微，此外，Alpha 2.2与*Saccharibacter*（醋酸菌科下的一种属）类型并不相同，而后者经常在年轻工蜂中发现。

该组细菌之前没有得到证实的描述，在实验中发现该种细菌光滑、圆形，1天后形成白色的菌落。Alpha-1类群细菌属于α-变形菌纲，并与一些蚂蚁相关的细菌亲缘关系较近，属于巴尔通氏体属（*Bartonella*），该属包含了一些细胞内寄生虫。Alpha-1类群在蜜蜂肠道内的含量较低（<4%），很可能不是在每一个个体中都存在。

5．Bifido类群

Bifido是放线菌亚纲（Actinobacteridae）双歧杆菌属（*Bifidobacterium*）的细菌，其存在有益于蜂群健康，是蜜蜂和熊蜂的重要益生菌。双歧杆菌属包括48个种和亚种，随着新种的发现，这一数字还有望继续增加。双歧杆菌可在不同的生态位中生存，但大部分都是分离自动物，主要是哺乳动物，它们的大量存在与宿主的健康密切相关。此外，双歧杆菌在蜜蜂和熊蜂中比较普遍。双歧杆菌属（*Bifidobacterium*）隶属于放线菌亚纲（Actinobacteridae），*B. asteroides*，*B. coryneforme*和*B. indicum*三种是蜜蜂中特有的双歧杆菌，双歧杆菌具有较强的处理碳水化合物的能力。

*Bifidobacterium*属细菌是典型的厌氧菌和微量需氧菌；然而研究发现蜜蜂肠道菌中的*Bifidobacterium*细菌成员可以在有氧环境中生长。菌落在2天内形成，点状，凸面，光滑，颜色呈灰白色。蜜蜂肠道内的*Bifidobacterium*对过氧化氢酶和孢子形成呈阴性，革兰氏阳性，并可产生乳酸和乙酸，和乳酸杆菌*Lactobacilli*、双歧杆菌*Bifidobacteria*类似，是动物肠道菌群中常见的细菌类群，已经被用作益生菌。*Bifidobacterium*存在于大多数成年工蜂肠道中，据估计，*Bifidobacterium*细菌约占蜜蜂肠道细菌的15%。

6．Firm-4和Firm-5类群

*Lactobacillus*属细菌细胞从长细杆状到短球杆状变化。菌落形态也变化多样，但都为典型的凸起状，菌落光滑，无色不透明。蜜蜂相关

的 *Lactobacillus* 对过氧化氢酶和孢子形成呈阴性，革兰氏染色阳性，并通过同型发酵产生乳酸。*Lactobacillus kunkeei* 分支比较嗜果糖，可优先利用果糖而不是葡萄糖作为碳源。*Lactobacillus* 属细菌的很多种在自然界中普遍存在，并能在大多数动物、植物和食品中存在。乳酸杆菌（*Lactobacilli*）被广泛用作益生菌，这表明其存在对宿主生物体的健康有益。与蜜蜂相关的 *Lactobacillus* 主要归在两个进化分支中，即"Firm-4"和"Firm-5"。这些分支与其他 *Lactobacillus* 距离较远，它们的16S rRNA基因的相似性约90%，因此最后可能归属于一类新种。*Lactobacillus* 是蜜蜂肠道中最丰富的细菌群落，在单个工蜂肠道中其丰度预计在20%~99%。

乳酸菌是重要的益生菌之一，在自然界广泛存在，与许多动植物和食物都有联系，它们的存在有利于宿主的健康。这个属的细菌常与双歧杆菌属细菌一起形成蜜蜂和熊蜂体内的益生菌群。另外，乳酸菌的代谢通路显示其具有将各种碳水化合物（如果糖，乳糖，甘露糖，*N*-乙酰葡糖胺，山梨糖，蔗糖，海藻糖，木酮糖）发酵成乳酸的功能，此外，还编码有大量可预测的胞外蛋白，这种蛋白很可能有助于环境基质如几丁质的黏附和降解。

除了上述的8大类、9种主要的共生菌外，还有一些数量较少、在蜜蜂个体中分布不稳定的细菌，它们可能对宿主具有重要作用，如泛菌属（*Pantoea*）细菌和芽孢杆菌属（*Bacillus*）细菌。但这些细菌也可能是过路菌，也可能是蜂群感病后的一些致病菌。

第三节　蜜蜂肠道菌群的分布

1. 蜜囊

蜜囊（图10-1、图10-2）是肠道内的一种肌肉质的可膨胀器官，以适应采集蜂采集花蜜。虽然蜜囊经常含有营养丰富的花蜜并可作为微生物的能量来源，qPCR及FISH染色结果表明蜜囊内几乎不包含有细菌，但其他学者从蜜囊中分离出13种乳酸菌和部分双歧杆菌菌株，而这些细菌也可能是来自花蜜而非蜜蜂体内共生的菌群。蜜囊频繁的填充和排空采集的花蜜到蜂箱中可扰乱微生物群落结构并阻止其他细菌定殖。

2．中肠

中肠（图10-1～图10-3）是蜜蜂消化道中最大的器官，中肠中三种主要共生菌（即Beta、Firm-5和Gamma-1，简称BFG）只占BFG微生物总数的1%～4%。中肠上皮细胞可产生围食膜，围食膜是一种松散的薄膜，可以辅助消化，保护上皮细胞以防粗糙的食物粒子。中肠

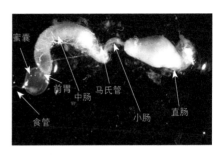

图10-1　蜜蜂不同肠部位解剖

上皮细胞可连续生产这种膜状物并在食物通过时脱落，这样可以阻止微生物附着。因此，消化酶和围食膜的存在可以解释中肠中肠道菌比较贫瘠的原因。FISH显微检测结果表明大多数中肠细菌都处于较后的位置，靠近幽门部，表明中肠的部分微生物可能在解剖切割中肠时从回肠转入到中肠后部。

3．回肠

西方蜜蜂的回肠（图10-1～图10-3）是在中肠和直肠之间的相对较小的器官，它具有较深的内折以便提供表面区域来吸收未被中肠收集的营养。回肠中Beta种系型的细菌一层层地黏附在临近的宿主肠道组织上，Gamma-1种系型的细菌厚厚地分布在Beta细菌和回肠壁附近，尽管中肠比回肠大，但回肠中BFG的群体数量几乎比中肠大两倍（占总BFG的5%～10%）。与中肠相比，回肠的内膜折叠中具有丰富的附着点，使其有机会接触一些消化而未被吸收的营养。荧光染色图片进一步提供了附着点对细菌定殖的重要性证据，尤其是Beta和Gamma-1种系型。回肠的细菌群落相对于肠道壁来说表现为分层次的生物膜，邻近宿主组部位具有Beta种系型生物膜结构，Gamma-1种系型分布在邻近Beta和回肠壁的厚垫上，此外，Firm-5种系型沿着回肠壁周围的小囊中分布。Beta

种系型的附着可能有利于随后的细菌种系型定殖，如易于Gamma-1的定殖和附着。此外，其产生的生物薄膜可能产生微梯度（如营养、氧气和pH），可能提供分散的生态位以利于各种底物的利用，类似于白蚁的腹部菌群。

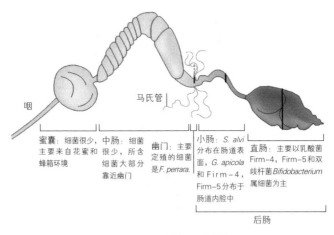

图10-2　蜜蜂肠道结构

4.直肠

直肠（图10-2、图10-3）像蜜囊一样，具有一定的膨胀性，可适应更大的容量，工蜂可连续保留消化废物直到它们飞出箱外排泄飞行时。这种相对静态的环境，类似于白蚁的胃，直肠的内容物（主要是空的花粉外壁）可为细菌提供营养来源，因为发现于花粉壁的碳水化合物很难被蜜蜂消化。由于直肠营养环境丰富，其中栖息着大部分始终稳定的微生物，占每只蜜蜂总的BFG 16S rRNA基因总数的87%～94%。Firm-5种系型是直肠中的优势种群，并在直肠内腔中普遍存在，并散布于消化的花粉外壳上。总的来说，直肠包含了大多数BFG种系型的16S rRNA基因拷贝，并且还含有一些额外的细菌细胞，这些细菌只与通用真细菌探针杂交而不与特定的BFG探针杂交。这些非BFG细菌细胞大部分代表了除去特定特征微生物后的剩余的种系型（如Alpha-1，Alpha-2.1，Alpha-2.2，Bifido，Firm-4和Gamma-2）。

蜜囊（crop）：
细菌很少，包括蜂箱
内常见的细菌，如
Lactobacillus kunkeei，
Acetobacteraceae，
Parasaccharibacter
apium

回肠（ileum）：
3种特定的细菌以较高丰富度存在：
Snodgrassella alvi（在肠道壁上），
Gilliamella apicola（分布 *S. alvi* 之上的层
中），*Frischella perrara*（大部分分布在
前胃区域）。此外，还有一些适应后肠的
Lactobacillus

中肠（Midgut）：
中肠缺乏一个稳定的表皮
衬里来支撑，只含有少量
细菌，大部分与回肠细菌
的组成类似

直肠（rcctum）：
含量最高的细菌主
要是2种适应后肠的
Lactobacillus 的分支，
以及 *Bifidobacterium*
asteroides

蜂箱和幼虫：
蜂粮、花蜜、幼虫肠道
共同含有一些环境细菌，
包括 *Lactobacillus* 属和
Acetobacteraceae 的一些种

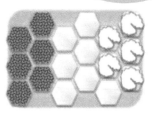

图10-3　蜜蜂不同肠道部位的细菌分布

第四节　蜜蜂肠道益生菌的分离、功能和应用前景

　　传统的微生物学研究依赖于纯化分离单个微生物的传统培养方法，
主要基于描述这些微生物的代谢、生化和形态特征。然而微生物不能
在实验室里培养，或在尚未被发现的特殊条件下才能被培养。分子测
序技术的出现解决了这一问题。基于分子生物学和最新的测序技术，
研究人员发现蜜蜂肠道微生物中占主导地位的细菌只有八大类，部分
类别已经鉴定到种，最新测序方法的研究结果还显示出蜜蜂肠道中容
易培养、完全好氧的生物体只占肠道微生物中的很少一部分，这与传
统培养手段的研究结果完全不一致。随着对蜜蜂肠道菌群多样性信息
的不断掌握，研究的重点将逐步过渡到细菌功能尤其是菌株水平的细
菌功能的研究，因此，单菌株的分离培养显得尤为重要。利用传统的
培养手段已经成功培养出蜜蜂肠道中的优势菌或新发现种。通过将效

率较低的细菌培养菌群分析方法和分子生物学工具结合，将会加快推进蜜蜂微生物相关的研究。

1. 蜜蜂肠道细菌人工培养概况

　　蜜蜂肠道微生物群落的研究最早可追溯到20世纪早期。研究人员对来自蜜蜂肠道和蜂巢的生物体的培养产物进行研究，记录了各种代谢和功能活动。利用细菌培养的方法，研究者从蜜蜂肠道中观察到6000多种细菌菌株，然而，很多观察结果存在前后矛盾的现象。此外，早期对蜜蜂肠道微生物的研究主要集中在对西方蜜蜂巢脾中致病菌的鉴定上，而共生微生物很少受到重视。研究表明，从特定环境中培养的微生物只是实际栖息在这一环境中的很小一部分，通常在特定的栖息环境下只有1%的细菌可以培养，在特殊的培养基和环境条件下，较多的有机体可能生长，但从大多数环境中采集的微生物样品很多都无法在实验室中进行培养，或在尚未被发现的特殊条件下才能培养，直到分子测序技术的出现才解决了这一问题。

　　最新的研究发现，蜜蜂肠道细菌主要分为八大类，并且大部分都是厌氧或兼性厌氧菌，这也是最新研究方法所得结论与传统有氧纯培养方法不一致的主要原因。人工培养的方法可能使感兴趣的微生物的分离成为可能，并进一步描述其化学和形态特征，进一步开展相关实验。

　　（1）蜜蜂肠道细菌的人工培养方法　　蜜蜂肠道细菌人工培养的一般流程是采取无菌措施从蜜蜂肠道中取样，放入合适的培养基中培养，随后将培养皿放置在35～37℃的培养箱中数天，蜜蜂肠道中的大部分细菌需要厌氧或低氧环境才能较好地生长。通常将培养皿放置在专用的CO_2培养箱、密封的皮质袋中或产CO_2的罐子装置中以满足这种生长条件。需要在缺氧环境下生长的细菌可以在置换氮气的厌氧培养室中进行培养，或者在密封的皮质袋中或一些已经商业销售的厌氧培养装置中进行。

　　对细菌的鉴定应按照DNA测序的方法而不是依赖表型观察，因为同一个种的细菌菌株的菌落形态和生化特性可能存在异质性。需要注意的是细菌培养受所选择的培养条件的影响，下文中列出了蜜蜂肠道优势细菌的培养条件，但是这种培养条件或技术可能并不能获取到每个组群内所有细菌的多样性。

（2）蜜蜂肠道中优势细菌的培养条件

①*Snodgrassella* 属　　*Snodgrassella* 属的最佳生长条件为：5%的 CO_2；温度为 35 ~ 37℃；培养基：胰酪胨大豆琼脂培养基，胰酪胨大豆琼脂培养基+5% 去血纤维蛋白羊血，心浸液琼脂培养基，脑心浸液琼脂以及 LB 琼脂；在胰酪胨大豆肉汤培养基中生长较弱。

②*Gilliamella* 属　　*Gilliamella* 属细菌的最佳生长条件为：5%的 CO_2；温度为 35 ~ 37℃；培养基：胰酪胨大豆琼脂培养基或胰酪胨大豆肉汤，胰酪胨大豆琼脂培养基+5% 去血纤维蛋白羊血，心浸液琼脂培养基，脑心浸液琼脂以及 LB 琼脂。

③*Frischella* 属　　*Frischella* 属最佳生长条件为：5%的 CO_2 或厌氧；温度为 35 ~ 37℃；培养基：胰酪胨大豆琼脂培养基+5% 去血纤维蛋白羊血，心浸液琼脂培养基，脑心浸液琼脂以及胰酪胨大豆肉汤。

④*Lactobacillus* 属　　*Lactobacillus* 属最佳生长条件为：培养环境为需氧或厌氧；温度为 35 ~ 37℃；培养基：胰酪胨大豆肉汤，琼脂，西红柿汁琼脂培养基，乳酸细菌培养基（MRS），液体培养基，MRS 肉汤补充 0.5% 的半胱氨酸或 20% 的果糖。

⑤*Bifidobacterium* 属　　*Bifidobacterium* 属最佳生长条件为：培养环境为需氧或厌氧；温度为 37℃；培养基：血琼脂培养基，乳酸细菌培养基（MRS），液体培养基，MRS 肉汤补充 0.5% 的半胱氨酸或 20% 的果糖。

⑥*Alpha-1* 和 *Alpha-2*　　Alpha-1 和 Alpha-2 细菌最佳生长条件为：5%的 CO_2；温度为 35 ~ 37℃；培养基：胰酪胨大豆琼脂培养基，胰酪胨大豆琼脂培养基+5% 去血纤维蛋白羊血，心浸液琼脂培养基。

蜜蜂肠道微生物是影响蜜蜂健康的重要因素，也是研究微生物共生进化的很好的模型，高通量测序方法的快速发展为我们提供了一种新手段来进行大规模的调查，提高了蜜蜂肠道微生物的研究水平和准确性，也加深了我们对蜜蜂肠道微生物的认识和深入了解。然而，在基本弄清蜜蜂肠道菌群结构后，仍然需要通过人工纯培养方法获取单菌株以深入研究肠道菌的功能。人工培养方法可使研究者分离出特定的感兴趣的细菌，以便进行深入研究或用于基因鉴定，从而有助于评定特定肠道共生菌的功能。

2. 蜜蜂肠道菌群的功能

（1）蜜蜂肠道菌群的营养及代谢功能　　肠道菌群在营养供给、消化及吸收上起到了至关重要的作用，并通过这种方式影响宿主的发育和健康。研究表明肠道共生菌可为宿主提供氨基酸、维生素B以及固醇等营养物质，并参与物质代谢作用及合成作用。利用宏基因组分析方法，研究人员预测了蜜蜂八大类肠道共生菌之一的Alpha-1含有维生素B$_{12}$的合成系统，可能为蜜蜂合成维生素。蜜蜂共生菌可将花粉转化为蜂粮，蜂粮比花粉含有更多的维生素、更少的多糖以及不同的氨基酸，这些营养成分的变化很可能是共生的乳酸菌群参与转化而成，进一步的实验也证实了 *Gilliamella*、*Lactobacillus* 和 *Bifidobacterium* 等蜜蜂肠道内的共生菌具有合成果胶降解酶、糖苷水解酶和多糖水解酶等降解碳水化合物的功能，并从基因水平上证明了 *Lactobacillus* 和 *Bifidobacterium* 等组成的乳酸菌菌群参与了蜂蜜的酿造和糖类物质的代谢。

肠道菌群还具有潜在的食物解毒功能，由于很多来源的营养只有在无毒性的条件下才有效，并且一些分子的水解作用如一些植物细胞壁成分既具有解毒作用，也能使食物成为有效的营养来源。很多昆虫特化为以某些有毒植物为食，其肠道菌可能在消化和解毒这些来源的食物上发挥了重要作用。

醋酸菌科的共生菌多种多样，可为昆虫提供营养，有利于昆虫的发育和组织的形成，还能调控免疫，它们在昆虫肠道中比较常见，也能从唾液腺和生殖组织中分离得到。醋酸菌科的细菌在蜜蜂肠道内主要为Alpha-1和Alpha-2。Alpha-2又分为Alpha-2.1和Alpha-2.2。Alpha 2.2分离自蜜蜂肠道。Corby-Harris等（2014）基于PCR扩增的焦磷酸测序法表明Alpha 2.2和其他一些细菌如 *Lactobacillus kunkeei*，可栖息于哺育蜂蜜囊、咽下腺以及王浆中，但Alpha 2.2在蜜蜂中肠和后肠中几乎不存在。Alpha 2.2存在于蜂粮中、采集蜂的蜜囊里以及幼虫体内，但在哺育蜂和采集蜂的中肠和后肠中的含量微乎其微，可能与蜜蜂对花粉的消化有关。系统发育关系表明蜜蜂体内的Alpha 2.2这一细菌对蜜蜂具有独特的作用，通过与上颚腺分泌物一起促进蜂群内的蜂子发育。Alpha 2.2细菌不属于肠道细菌，但在蜜囊-上颚腺-王浆-幼虫这一生态位中具有较丰富的含量，并通过哺育蜂的哺育行为传播给发育中的蜂子。

（2）蜜蜂肠道菌群的防御及保护功能　在昆虫生命周期的所有阶段中，都会受到许多捕食者、寄生虫、拟寄生物以及病原体的威胁。一些膜翅目昆虫的生活和摄食方式使它们更易受到病原体侵扰，社会性昆虫的大规模的群居生活也增加了病原体感染的风险和同种个体之间疾病的传播。当昆虫面临众多的寄生虫和致病菌威胁时，能够通过共生菌群的屏蔽作用与疾病进行对抗并通过这些途径对机体进行保护。如切叶蚁、独居的泥蜂、蜜蜂和熊蜂等除了自身防御应对这些威胁外，均有一些共生菌群参与到保护宿主与细菌的相互作用中；还有些昆虫通过共生菌产生的毒素来抵抗寄生蜂从而对昆虫进行保护。

环境压力可导致微生物群落生态失调，并进一步引起宿主对疾病的易感性。一项对来自 CCD 的蜂群和正常蜂群的成年西方蜜蜂 A. mellifera 工蜂的肠道菌群的调查表明，未受 CCD 感染的正常蜂群主要以厚壁菌门细菌和一种变形菌门细菌定殖为主，CCD 感染的蜂群则检测到较高的 γ - 变形菌门细菌。这可能与肠道菌的生态失调有关，从而导致一些可能的功能丧失，进一步造成对蜂群健康状态的负面作用。另有研究表明，当对蜜蜂幼虫饲喂含有组成不同的乳酸菌和双歧杆菌的混合共生菌时，在免疫反应观察中发现一个类似幼虫芽孢杆菌感染时出现的免疫反应，这表明这些共生细菌可以用来预防或治疗自然的病原体。一些细菌菌株在体外也表现出对幼虫芽孢杆菌的直接的拮抗作用，并且在另一项研究中也证实了在体内实验中也具有一定的抑制活性。但对这种宿主和共生菌之间相互作用和动态变化的精确揭示还需要进一步的研究。

此外，还有一些报道表明在昆虫中还存在不同肠道微生物与寄生虫之间的相互对抗作用。比较典型的例子是欧洲熊蜂 Bombus terrestris 的肠道菌（尤其是 Snodgrassella alvi）能在一定程度上提高宿主蜂对寄生的短膜虫 Crithidia bombi 的抵抗作用。研究还发现熊蜂对短膜虫的易感性受宿主特定肠道菌群的影响而不是受宿主昆虫基因型的影响，这一结果也证实了社会性昆虫（蜜蜂）的肠道微生物群落在保持肠道内稳定及抵抗寄生虫和疾病中发挥了一定的作用。Li 等（2012）的研究结果表明，东方蜜蜂对微孢子虫 Nosema 的敏感性可能取决于其体内细菌群落的组成。

近年来，CCD 现象的发生导致美国、欧洲和日本等国蜜蜂数量严重下降，众多影响蜜蜂健康的因素是对养蜂产业的严重挑战。然而，健康蜂群的维持可能离不开肠道菌群的调节作用，由于益生菌可以诱导宿主产生抗菌肽（abaecin）和防御素（defensing），增强宿主的免疫能力，从而提高其对病原菌的抵抗能力。目前已提出作为蜜蜂幼虫抵抗幼虫芽孢杆菌的重要益生菌，很可能成为养蜂中常用的化学处理的一个合适替代品。

3．蜜蜂肠道益生菌的发展前景

　　蜜蜂肠道细菌菌群受到抗生素、病害等外界因素的影响，有益细菌的数量也随着日龄的增加不断减少。当前，抗生素的大量使用，使蜜蜂肠道内一些特定功能的益生菌遭到严重的破坏，从而造成蜜蜂对疾病的抵抗力越来越低，并产生一定的抗药性，蜜蜂的健康也面临着严重的威胁。目前，有关蜜蜂肠道菌群的研究也刚起步，科研人员也在弄清肠道菌群的种类、特征和多样性基础上，不断挖掘这些肠道细菌的功能。只有在弄清其功能之后，才能进一步开发更加有效的抗菌或益生菌产品。一些发达国家已经认识到以使用乳酸菌为代表的免疫疗法，并开始运用到养蜂生产中。乳酸菌的活力极弱，只能在相对受限制的环境中存活，一旦脱离这些环境，自身也会遭到灭亡，只有经过特殊工艺处理的乳酸菌才能到达肠道，进入蜜蜂肠道的细菌必须具备数量多、活力强的特性才能发挥较好的益生功能。

　　我国是世界第一养蜂大国，蜂群总数和蜂产品产量均居世界首位。因此，我国蜂群的健康和蜂产品的质量将是保证我国蜂业持续发展的重要环节。益生菌，是一类被科学家证实为对蜂群有益的一类细菌。目前，已被广泛运用于医药、食品、畜牧业等多个领域。益生菌的产品诞生于20世纪30年代，经历了将近一个世纪的发展后，在国外已形成一个完整的产业链和成熟的市场，但在我国则处于一个刚起步的阶段。我国科研人员应加大对蜜蜂肠道菌群的研究力度，加大宣传，吸引投资，研发出便于生产和管理的益生菌制剂，建立适合我国国情的产品标准，并不断完善产品类型，从蜂群中开发出种类不同的益生菌产品，并逐渐从对蜜蜂健康的防护拓展到食品领域。相信只要加大对益生菌产品的研究、宣传和消费引导，益生菌在国内将会有一片广阔的发展前景。

参考文献

［1］Anderson D L，Morgan M J. Genetic and morphological variation of bee-parasitic Tropilaelaps mites (Acari: Laelapidae): new and re-defined species. *Experimental and Applied Acarology*, 2007, 43: 1-24.

［2］Balter M. Taking stock of the human microbiome and disease. Science, 2012, 336 (6086): 1246-1247.

［3］Ben-Ami E, Yuval B, Jurkevitch E. Manipulation of the microbiota of mass-reared Mediterranean fruit flies Ceratitis capitata (Diptera: Tephritidae) improves sterile male sexual performance. *ISME. J*, 2010, 4: 28-37.

［4］Biagi E, Nylund L, Candela M, et al. Through ageing, and beyond: gut microbiota and inflammatory status in seniors and centenarians. PLoS ONE, 2010, 17: 10667.

［5］Chandler J A, Morgan Lang J, Bhatnagar S, et al. Bacterial Communities of Diverse Drosophila Species: Ecological Context of a Host-Microbe Model System. PLoS Genet, 2011, 7 (9): e1002272.

［6］Cox-Foster D L, Conlan S, Holmes E C et al. A metagenomic survey of microbes in honey bee colony collapse disorder. Science, 2007, 318: 283-287.

［7］Colman D R, Toolson E C, Takacs-Vesbach C D. Do diet and taxonomy influence insect gut bacterial communities? *Mol. Eco*l, 2012, 21 (20): 5124-5137.

［8］Cornman R S, Tarpy D R, Chen Y, et al. Pathogen Webs in Collapsing Honey Bee Colonies. PLoS ONE, 2012, 7 (8): e43562.

［9］Crotti E, Balloi A, Hamdi C, et al. Microbial symbionts: a resource for the management of insect-related problems. *Microb. Biotechnol*, 2012, 5 (3): 307-317.

［10］Crotti E. et al. Microbial symbionts of honeybees: a promising tool to improve honeybee health. *N. Biotechnol*, 2013, 30 (6): 716-722

［11］Crotti E, Rizzi A, Chouaia B, et al. Acetic acid bacteria, newly emerging symbionts of insects. *Appl. Environ. Microbiol*, 2010, 76 (21): 6963-70.

［12］Cressey D. Europe debates risk to bees. Nature, 2013, 496 (7446): 408.

［13］Dedej S, Delaplane KS. Honey bee (Hymenoptera: Apidae) pollination of rabbiteye blueberry Vaccinium ashei var. 'Climax' is pollinator density-dependent. *J. Econ. Entomol*, 2003, 96, 1215–1220.

［14］陈汝意. 观蜂尸诊断蜂病. 蜜蜂杂志, 2013, 33（4）.

［15］陈盛禄. 中国蜜蜂学. 北京：中国农业出版社, 2001.

［16］代平礼, 周婷, 王强, 吴艳艳. 养蜂业相关主要寄生蜂. 中国蜂业, 2012,（Z1）：19–22.

［17］杜桃柱, 姜玉锁. 蜜蜂病敌害防治大全. 北京：中国农业出版社, 2006.

［18］冯永谦, 刘进祖, 李凤玉. 养蜂技术. 哈尔滨：东北林业大学出版社, 2006.

［19］郭军, 吴杰, 刘珊, 李继莲. 蜜蜂肠道菌的调节作用及影响因素. 中国农业科技导报［J］, 2015, 17（2）：58–63.

［20］郭军, 戴荣国, 罗文华, 等. 介绍几种蜜源植物调查方法. 中国蜂业［J］, 2011, 62（8）：22–23.

［21］郭军, 李继莲, 吴杰. 蜜蜂个体发育过程中特定肠道菌的形成. 中国蜂业, 2015, 66（1）：58–59.

［22］郭军, 李继莲, 吴杰. 昆虫肠道菌群的功能研究进展. 应用昆虫学报［J］. 2015, 52（6）：1345–1352.

［23］黄文诚. 养蜂技术. 北京：金盾出版社, 2010.

［24］柯贤港. 蜜粉源植物学. 北京：中国农业出版社, 1993.

［25］刘清河, 马成吉. 加强蜂群管理, 提高养蜂效益——我的蜂群为什么不患蜂病. 蜜蜂杂志［J］, 2002（12）：34–34.

［26］刘先蜀. 蜜蜂育种技术. 北京：金盾出版社, 2002.

［27］彭文君. 蜜蜂饲养与病敌害防治. 北京：中国农业出版社, 2006.

［28］彭文君, 安建东. 无公害蜂产品安全生产手册. 北京：中国农业出版社, 2008.

［29］徐松林, 毛英良, 贾贞海, 等. 几种蜂病的无抗生素残留防治方法. 蜜蜂杂志［J］, 2005, 5：26.

［30］谢树理. 蜂群补钙治中囊病效果好. 中国蜂业［J］, 2009（4）：33–33.

［31］王冰, 孙成, 胡冠九. 环境中抗生素残留潜在风险及其研究进展. 环境科学与技术［J］, 2007, 30（3）：108–111.

［32］王建鼎. 蜜蜂保护学. 北京：中国农业出版社, 1997.

［33］王安, 彭文君. 生态养蜂. 北京：中国农业出版社, 2011.

［34］王德朝，何一华. 蜂胶液治螨与防治囊状幼虫病的方法. 中国养蜂［J］，
2005，56（2）：23-23.

［35］吴杰. 蜜蜂学. 北京：中国农业出版社，2012.

［36］诸葛群. 养蜂法. 第七版. 北京：中国农业出版社，2001.

［37］周冰峰. 蜜蜂饲养管理学. 厦门：厦门大学出版社，2002.

［38］曾志将. 养蜂学. 北京：中国农业出版社，2003.

［39］张中印，吴黎明. 轻轻松松学养蜂. 北京：中国农业出版社，2010.

［40］张中印，吴黎明，李卫海. 实用养蜂新技术. 北京：化学工业出版社，2012.